LIBRO PARA COLOREAR DE ANATOMÍA DEL CABALLO

ESCANEE EL CÓDIGO PARA EL ACCESO DE SU COPIA DIGITAL

EL LIBRO PERTENECE
A

TABLA DE CONTENIDO

TABLA DE CONTENIDO

SECCIÓN 1:ESQUELETO DEL CABALLO ASPECTO LATERAL

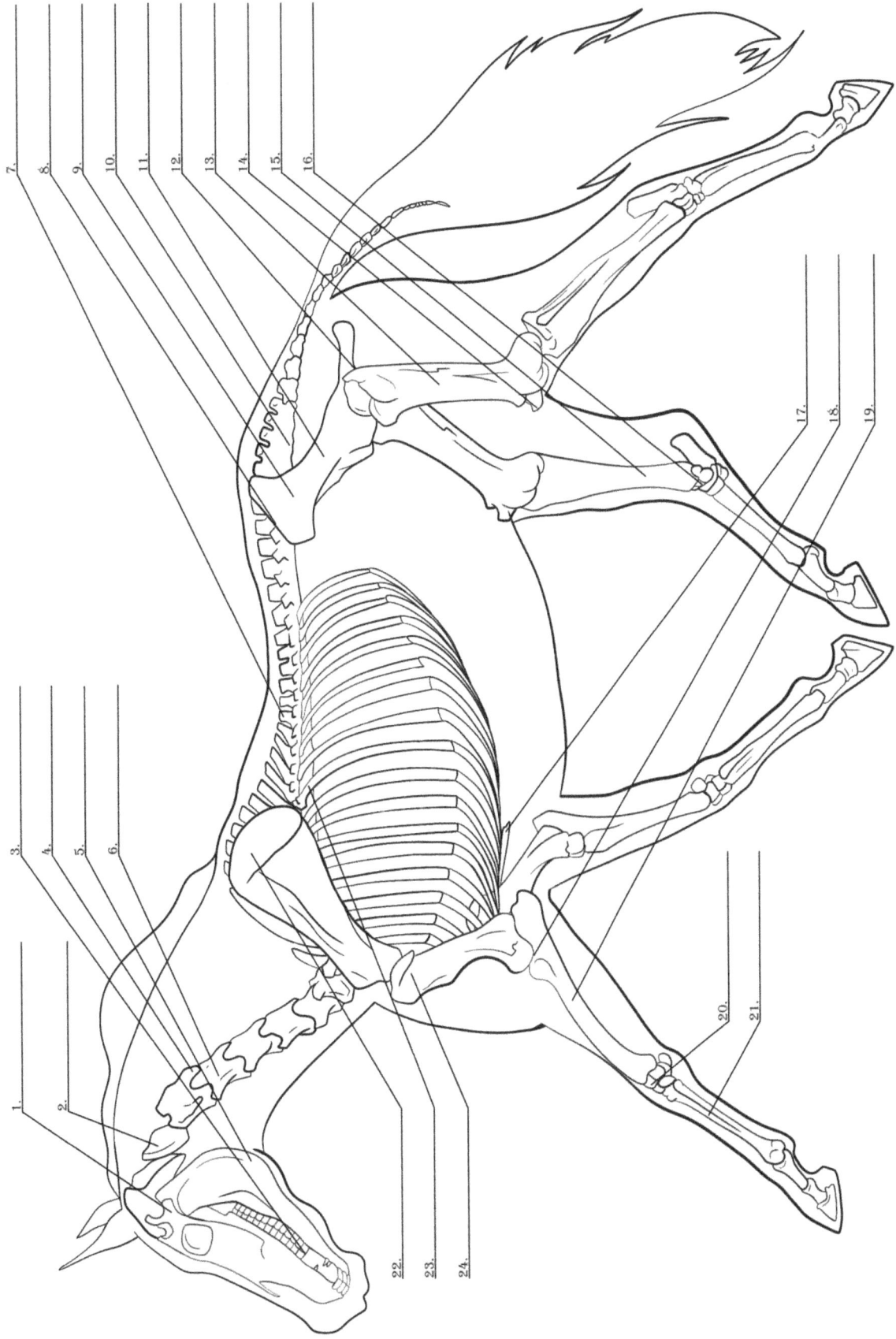

SECCIÓN 1:ESQUELETO DEL CABALLO ASPECTO LATERAL

1. CRÁNEO
2. ATLAS
3. BARRAS
4. EJE
5. MANDÍBULA
6. VÉRTEBRAS CERVICALES
8. ARTICULACIÓN LUMBOSACRA
7. VÉRTEBRA LUMBAR
9. PUNTO DE LA CADERA
10. SACRO
11. PELVIS
ARTICULACIÓN DE CADERA
13. FÉMUR
14. RÓTULA
15. TIBIA
16. CORVEJÓN
17. ESTERNÓN
18. ARTICULACIÓN DEL CODO
19. RADIO
20. RODILLA
21. CAÑA
22. OMÓPLATO
23. CAJA TORÁCICA
24. HÚMERO

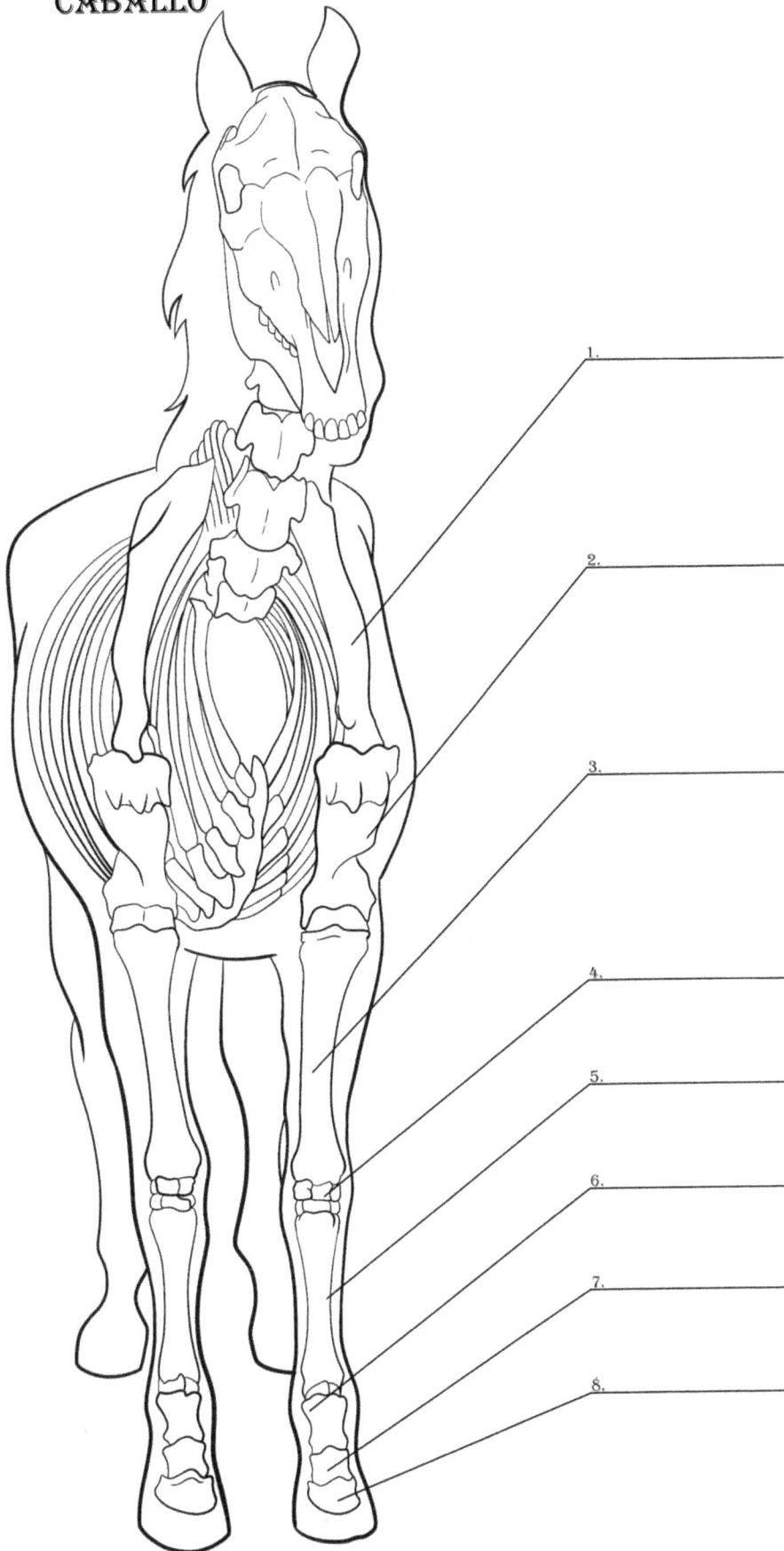

1.

2.

3.

4.

5.

6.

7.

8.

SECCIÓN 2:EL ESQUELETO DEL ASPECTO CRANEAL DEL CABALLO

1 . ESPINA DEL OMÓPLATO
2. HÚMERO
3. RADIO
4. HUESOS CARPIANOS
5. TERCER HUESO METACARPIANO
FALANGE PROXIMAL
7. FALANGE MEDIA
8. FALANGE DISTAL

SECCIÓN 3:ESQUELETO DEL CABALLO ASPECTO CRANEAL Y CAUDAL

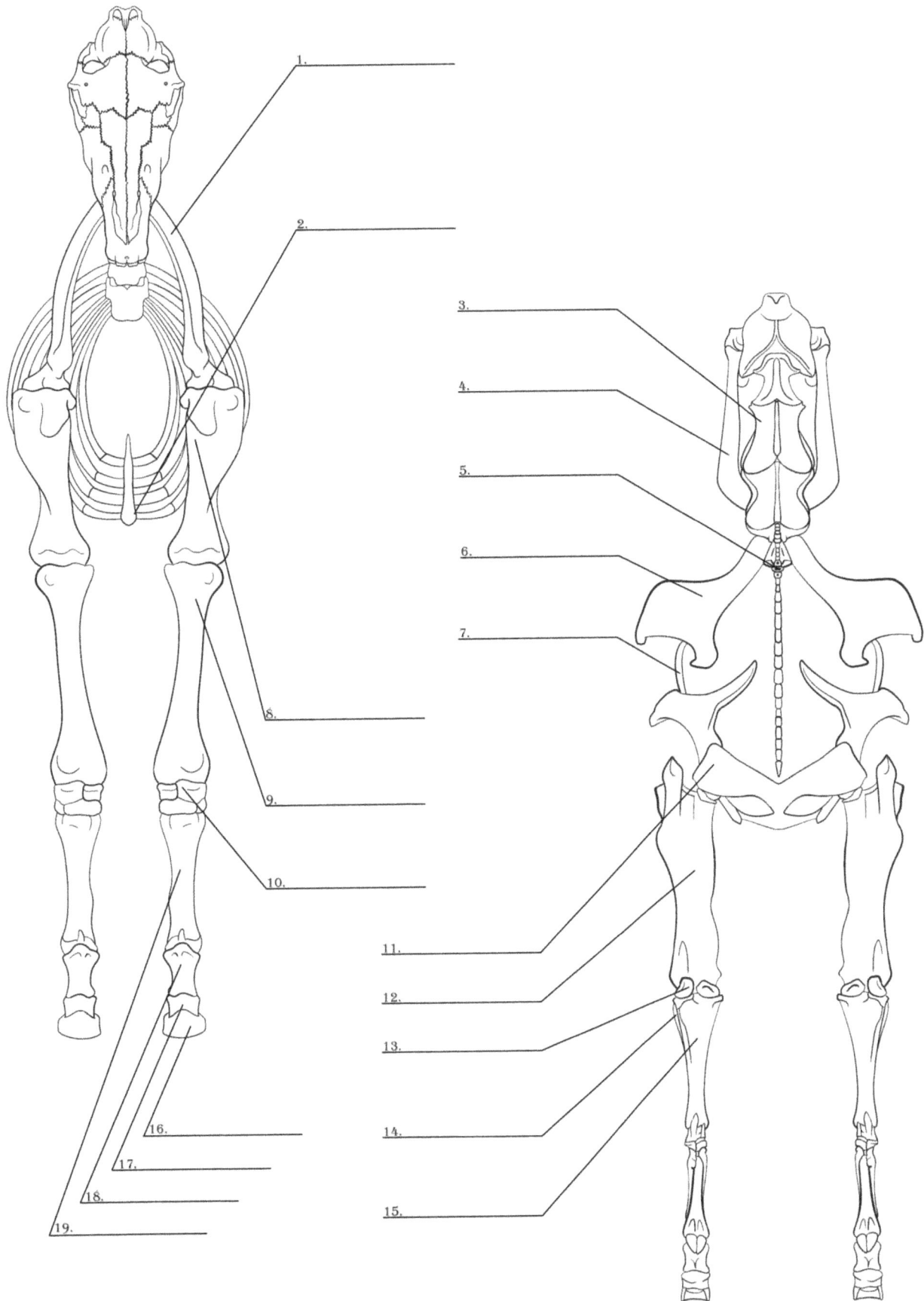

1.

2.

3.

4.

5.

6.

7.

8.

9.

10.

11.

12.

13.

14.

15.

16.

17.

18.

19.

SECCIÓN 3:ESQUELETO DEL CABALLO ASPECTO CRANEAL Y CAUDAL

1. ESPINA DEL OMÓPLATO
2. ESTERNÓN
3. EJE
4. CRÁNEO
5. SACRO
6. OMÓPLATO
7. CAJA TORÁCICA
8. HÚMERO
9. RADIO
10. HUESOS CARPIANOS
11. PELVIS
12. FÉMUR
13. ASTRÁGALO
14. FÉRULA DE HUESO
15. TIBIA
16. FALANGE DISTAL
17. FALANGE MEDIA
18. FALANGE PROXIMAL
19. TERCER HUESO METACARPIANO

SECCIÓN 4:EL ESQUELETO DEL ASPECTO DORSAL DEL CABALLO

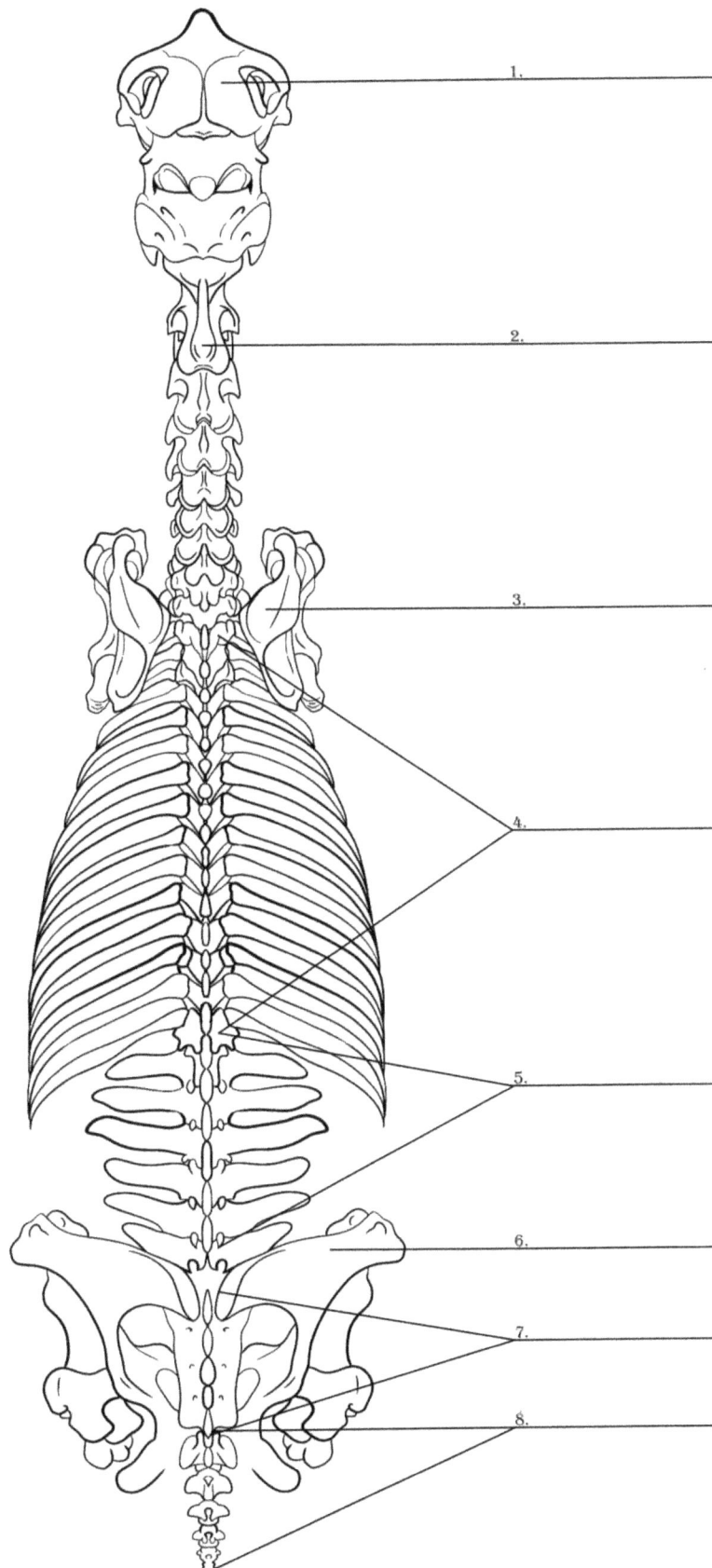

1. _____

2. _____

3. _____

4. _____

5. _____

6. _____

7. _____

8. _____

SECCIÓN 4:EL ESQUELETO DEL ASPECTO DORSAL DEL CABALLO

1. CRÁNEO
2. EJE
3. OMÓPLATO
4. VÉRTEBRAS TORÁCICAS
5. VÉRTEBRA LUMBAR
6. PELVIS
7. VÉRTEBRAS SACRAS
8. CAUDAL DE VÉRTEBRAS

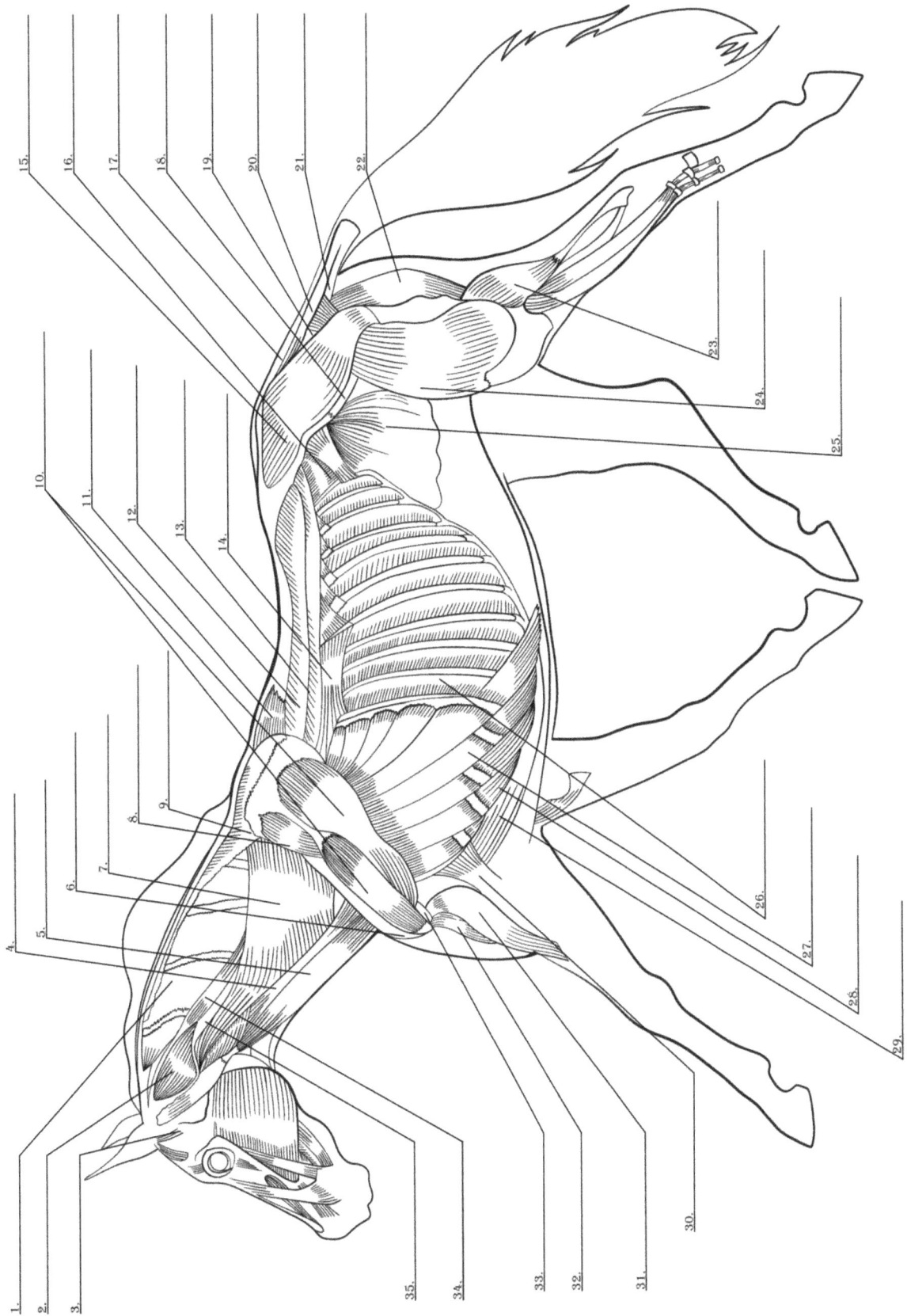

SECCIÓN 5:LOS MÚSCULOS DEL CABALLO ASPECTO LATERAL

1. COMPLEXUS
2. RECTUS CAPITIS VENTRALIS
3. TEMPORALIS
4. OMOHYOIDEUS
5. ESTERNOCÉFALO
6. SUBCLAVIO
7. SERRATUS VENTRALIS CERVICIS
8. SUPRAESPINOSO
9. ROMBOIDES
10. INFRAESPINOSO
11. ESPINOSO TORÁCICO
12. MÚSCULO LONGÍSIMO
13. LONGISSIMUS COSTARUM
14. SERRATO DORSAL POSTERIOR
15. GLÚTEO MEDIO
16. TRANSVERSO DEL ABDOMEN
17. SACROCAUDAL DORSAL MÉDIUNS
18. ILÍACO
19. COXÍGEO
20. SACROCAUDALIS DORSALIS LATERALIS
21. SACROCAUDALIS VENTRALIS LATERALIS
22. SEMIMEMBRANOSO
23. GASTROCNEMIO
24. CUÁDRICEPS FEMORAL
25. OBLICUO INTERNO ABDOMINAL
26. INTERCOSTAL EXTERNO
27. SERRATUS VENTRALIS THORACIS
28. OBLICUO EXTERNO ABDOMINAL
29. PECTORAL ASCENDENTE
30. PECTORAL TRANSVERSO
31. BRAQUIAL
32. BÍCEPS BRAQUIAL
33. REDONDO MENOR
34. LONGISSIMUS CAPYTIS
35. LONGISSIMUS ATLANTIS

SECCIÓN 6:LOS MÚSCULOS DEL ASPECTO CRANEAL DEL CABALLO

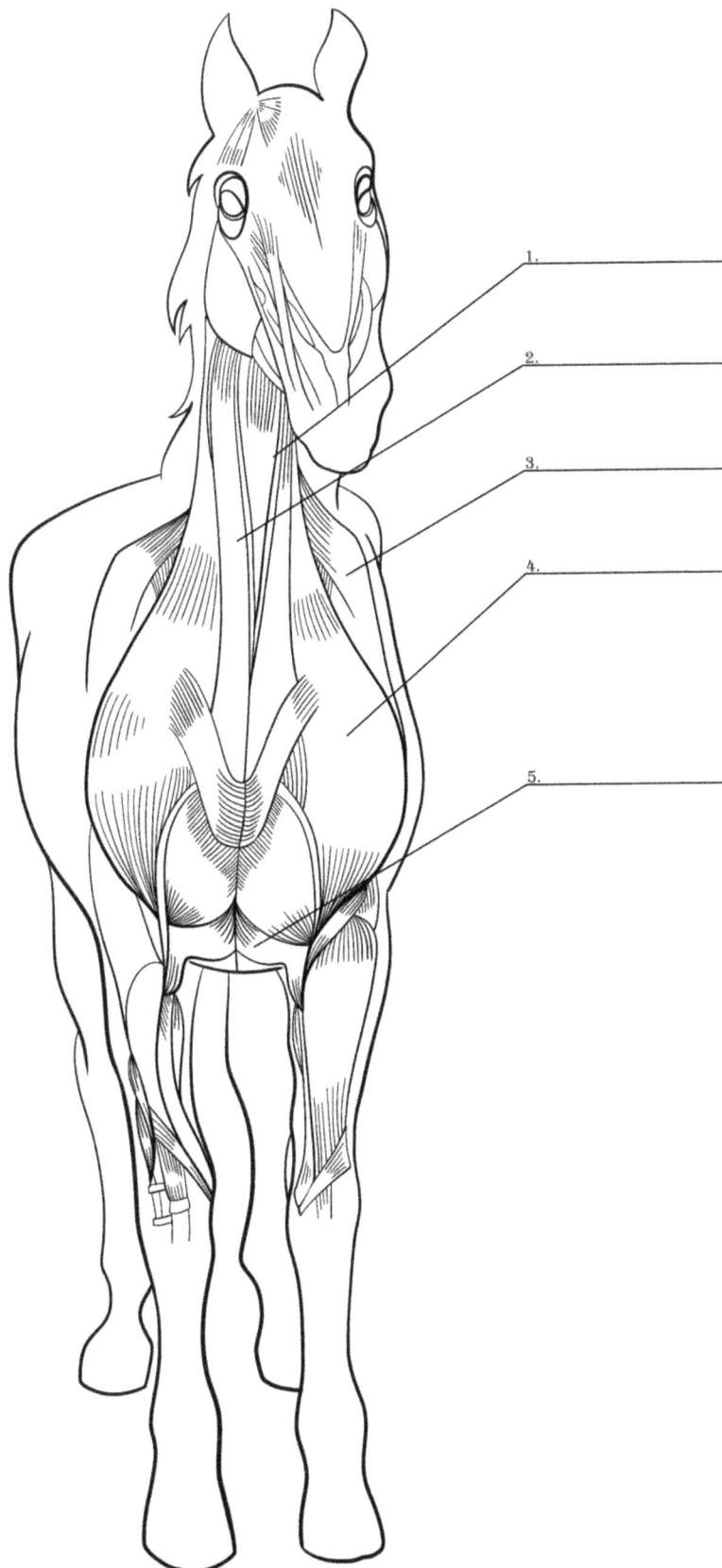

1. _____

2. _____

3. _____

4. _____

5. _____

SECCIÓN 6:LOS MÚSCULOS DEL ASPECTO CRANEAL DEL CABALLO

1. MÚSCULO ESTERNOCLEIDOHIOIDEO
2. MÚSCULO ESTERNOCEFÁLICO
3. MÚSCULO TRAPECIO
4. MÚSCULO BRAQUIOCEFÁLICO
5. MÚSCULO PECTORAL

SECCIÓN 7:LOS MÚSCULOS DE LA CARA CRANEAL Y CAUDAL DEL CABALLO

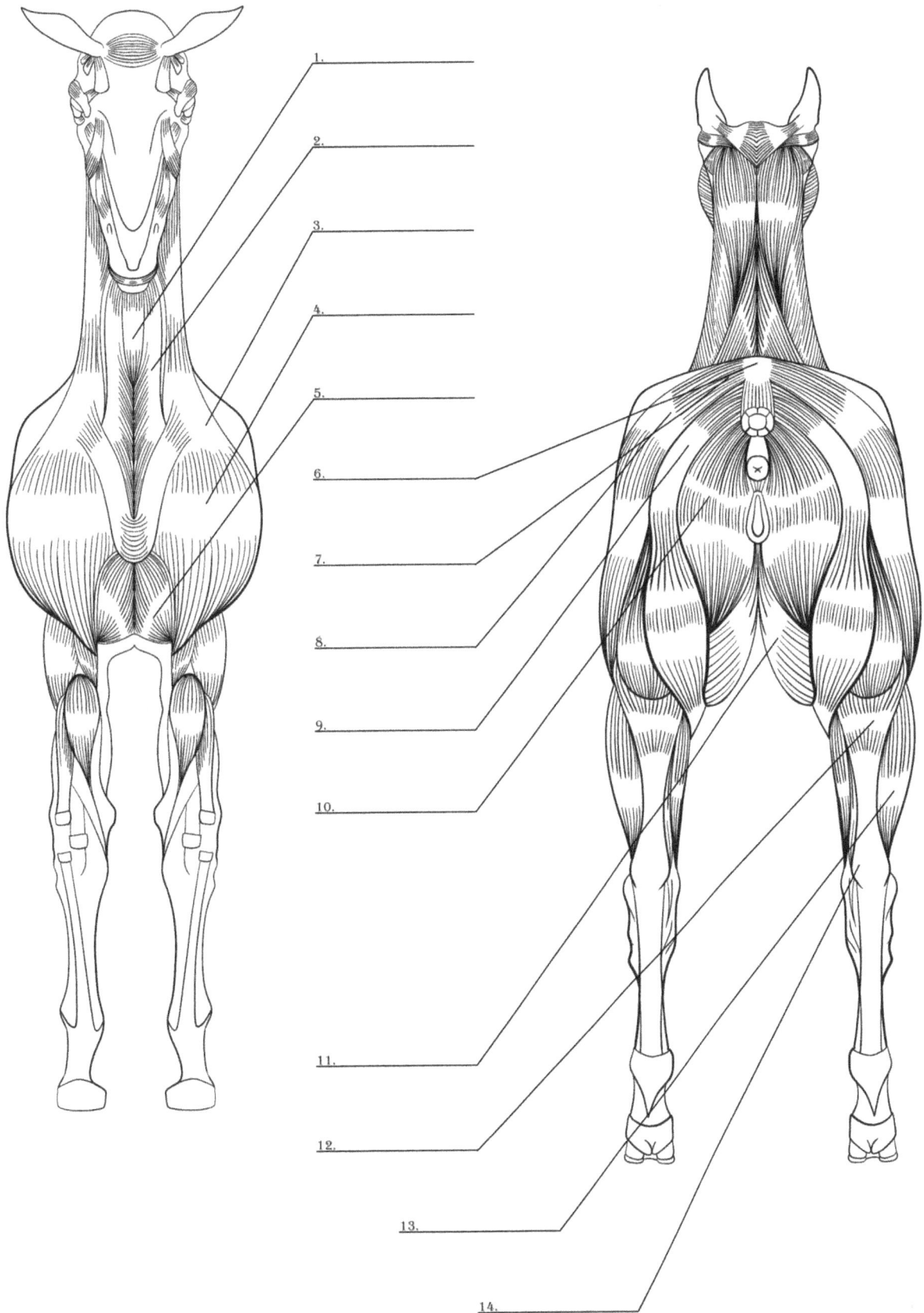

1. _____

2. _____

3. _____

4. _____

5. _____

6. _____

7. _____

8. _____

9. _____

10. _____

11. _____

12. _____

13. _____

14. _____

SECCIÓN 7:LOS MÚSCULOS DE LA CARA CRANEAL Y CAUDAL DEL CABALLO

1. MÚSCULO ESTERNOCLEIDOHIOIDEO
2. MÚSCULO ESTERNOCEFÁLICO
3. MÚSCULO TRAPECIO
4. MÚSCULO BRAQUIOCEFÁLICO
5. MÚSCULO PECTORAL
6. TUBÉRCULO SACRAL
7. MÚSCULO GLÚTEO SUPERFICIAL
8. MÚSCULO BÍCEPS FEMORAL
9. MÚSCULO SEMITENDINOSO
10. MÚSCULO SEMIMEMBRANOSO
11. MÚSCULO GRÁCIL
12. MÚSCULO GASTROCNEMIO
13. MÚSCULO TIBIAL CRANEAL
14. TENDÓN DE AQUILES

SECCIÓN 8: LOS MÚSCULOS DE LA CARA VENTRAL DEL CABALLO

1.

2.

3.

4.

5.

6.

7.

8.

9.

10.

11.

12.

SECCIÓN 8:LOS MÚSCULOS DE LA CARA VENTRAL DEL CABALLO

1 . MÚSCULO ORBICULAR DE LA BOCA
2. MÚSCULO BUCCINADOR
3. MÚSCULO MILOHIOIDEO
4. MÚSCULO BRAQUIOCEFÁLICO
5. MÚSCULO ESTERNOCLEIDOHIOIDEO
6. MÚSCULO ESTERNOCLEIDOMASTOIDEO
7. MÚSCULO CUTÁNEO DEL CUELLO
8. MÚSCULO BRAQUIOCEFÁLICO
9 . MÚSCULO PECTORAL TRANSVERSO
10. MÚSCULO SERRATO VENTRAL
11 . MÚSCULO PECTORAL PROFUNDO
12. MÚSCULO OBLICUO EXTERNO DEL ABDOMEN

SECCIÓN 9:LOS MÚSCULOS DE LA CARA DORSAL DEL CABALLO

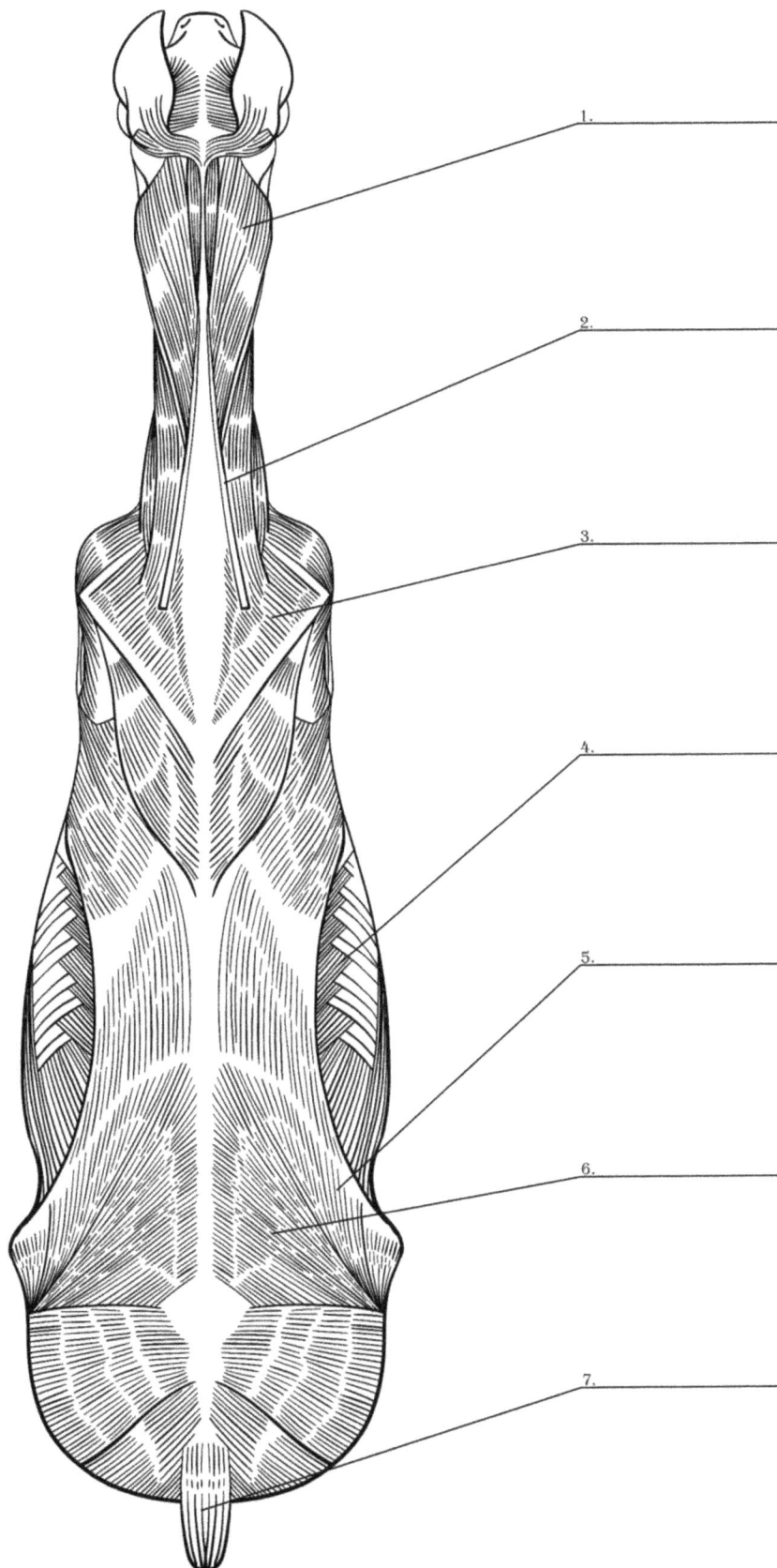

1.

2.

3.

4.

5.

6.

7.

SECCIÓN 9:LOS MÚSCULOS DE LA CARA DORSAL DEL CABALLO

1. MÚSCULO COMPLEXUS
2. MÚSCULOS ROMBOIDES
3. MÚSCULO DORSAL ESPINAL
4. MÚSCULO INTERCOSTAL EXTERNO
5. MÚSCULO OBLICUO INTERNO DEL ABDOMEN
6 . MÚSCULO GLÚTEO MEDIO
7. MÚSCULO SACROCAUDALIS DORALIS MEDIUS

SECCIÓN 10:ÓRGANOS INTERNOS DEL CABALLO

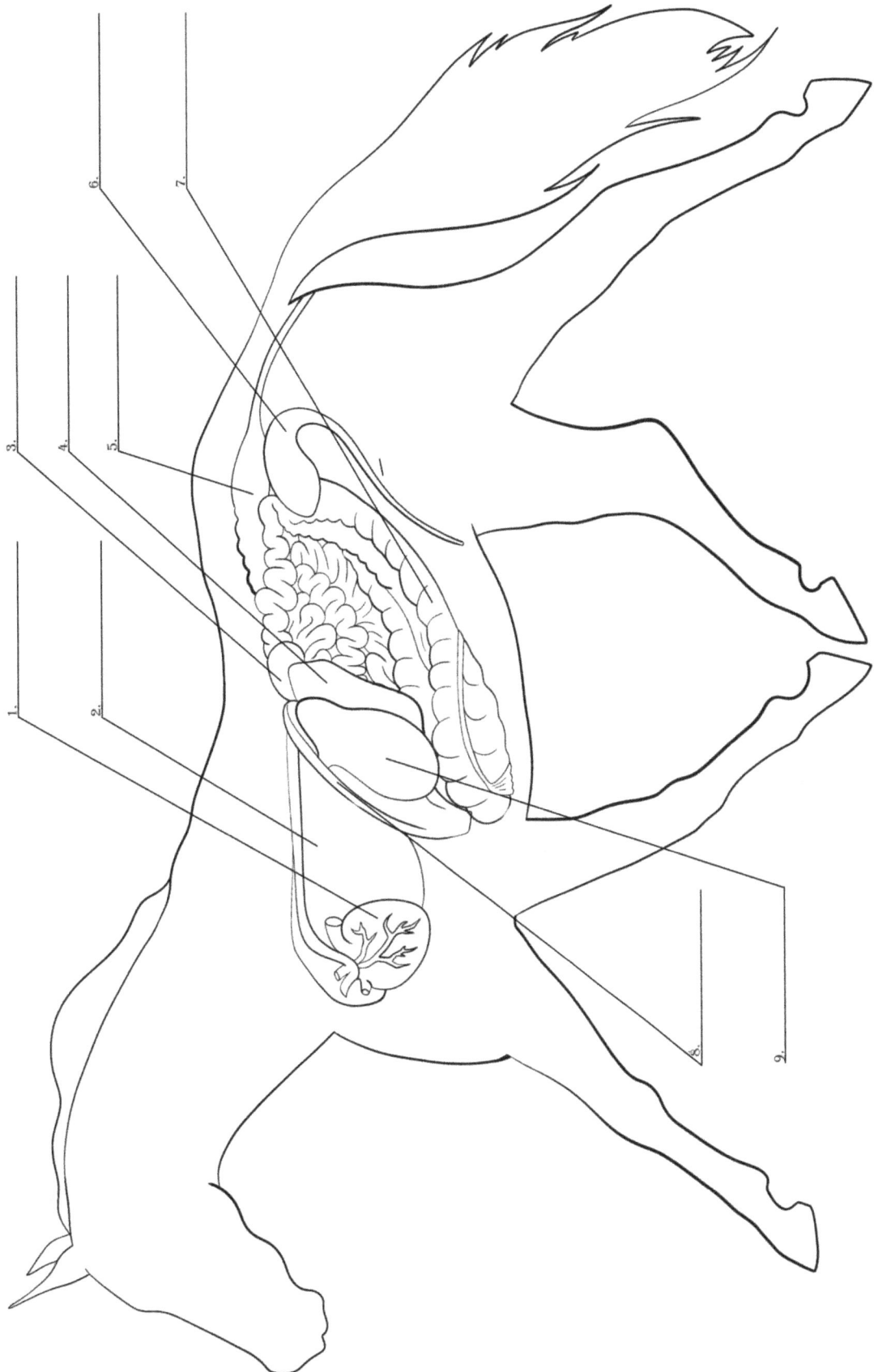

SECCIÓN 10: ÓRGANOS INTERNOS DEL CABALLO

1. CORAZÓN
2. PULMÓN
3. RIÑÓN
4. HÍGADO
5. RECTO
6. VEJIGA
7. COLON
8. DIAFRAGMA
9. ESTÓMAGO

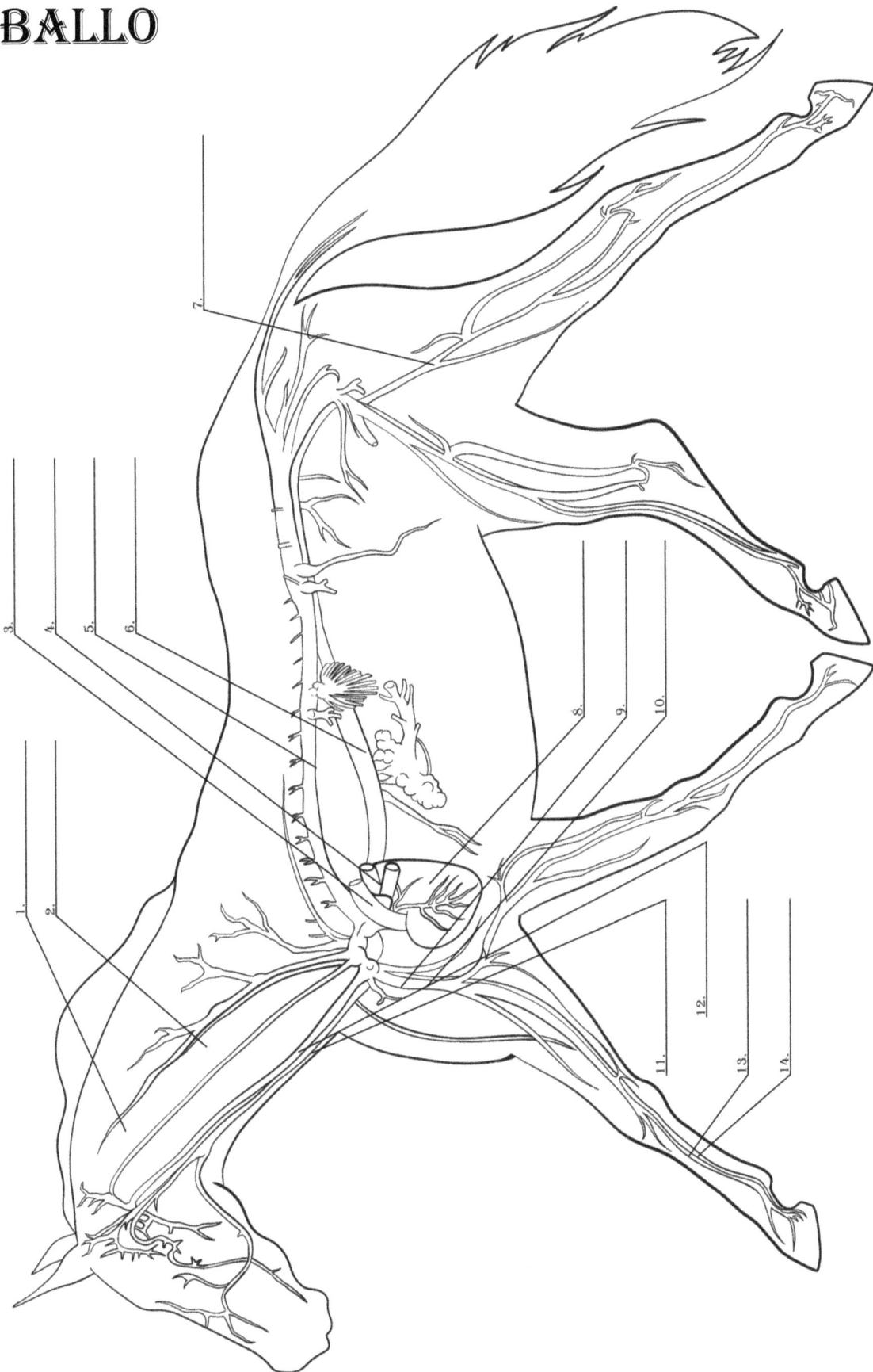

SECCIÓN 11:VASOS SANGUÍNEOS DEL CABALLO

SECCIÓN 11: VASOS SANGUÍNEOS DEL CABALLO

1. ARTERIA DEL CUELLO
2. VENA DEL CUELLO
3. ARTERIA PULMONAR
4. PULMONARY VEIN
5. AORTA
6. VENA CAVA POSTERIOR
7. VENA FEMORAL
8. CORAZÓN
9. ARTERIA SUBCLAVIA
10. VENA SUBCLAVIA
11. VENA YUGULAR
12. ARTERIA CARÓTIDA
13. ARTERIA DEL PIE
14. VENA DEL PIE

SECCIÓN 12: NERVIOS DEL CABALLO

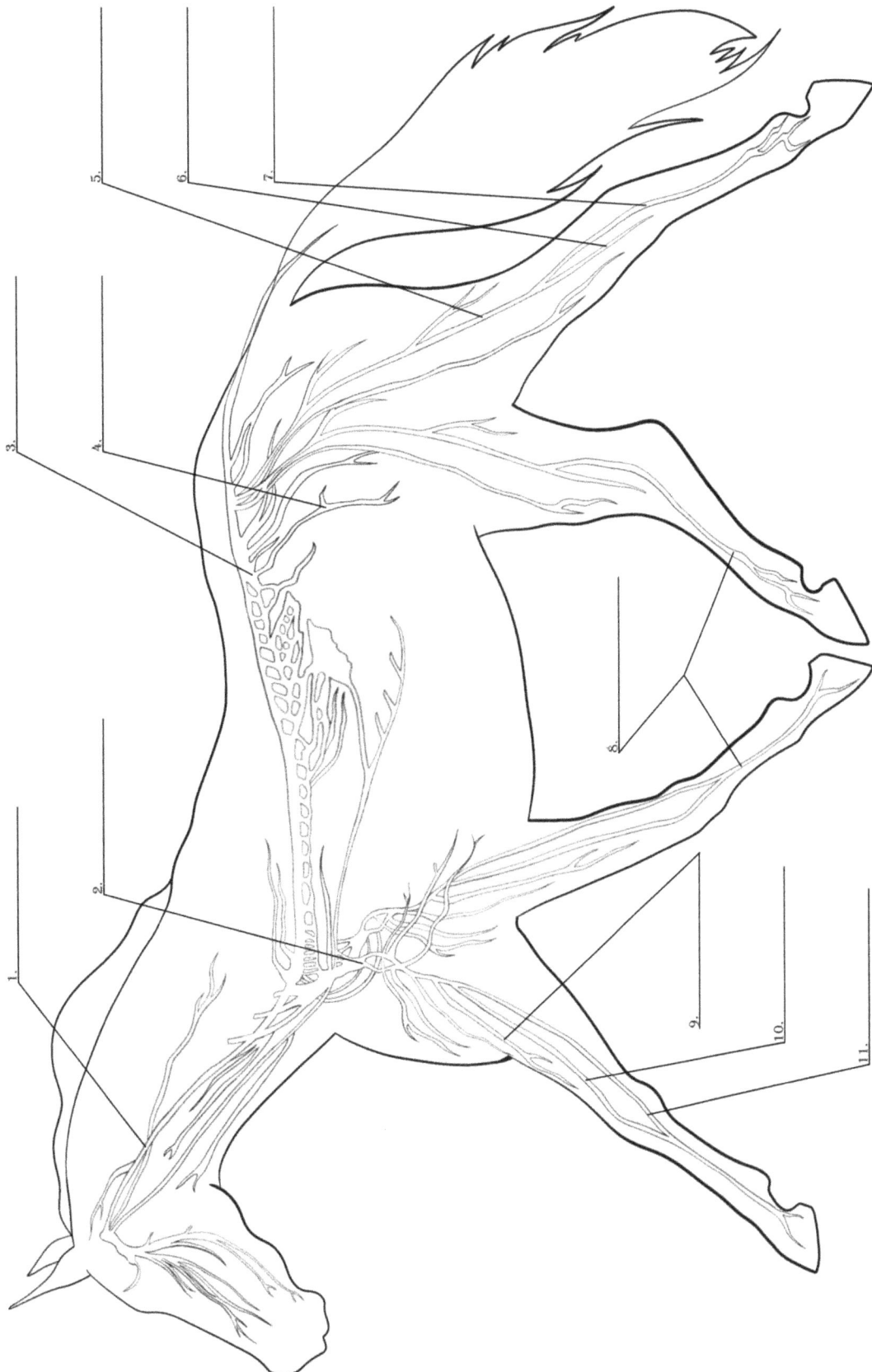

1. MÉDULA ESPINAL
2. PLEXO BRAQUIAL
3. PLEXO LUMBOSACRO
4. NERVIO FEMORAL
5. NERVIO CIÁTICO (ISQUIÁTICO)
6. NERVIO PERONEO
7. NERVIO TIBIAL
8. NERVIO MEDIANOO
9. NERVIO RADIAL
10. NERVIO MEDIAL
11. NERVIO CUBITAL

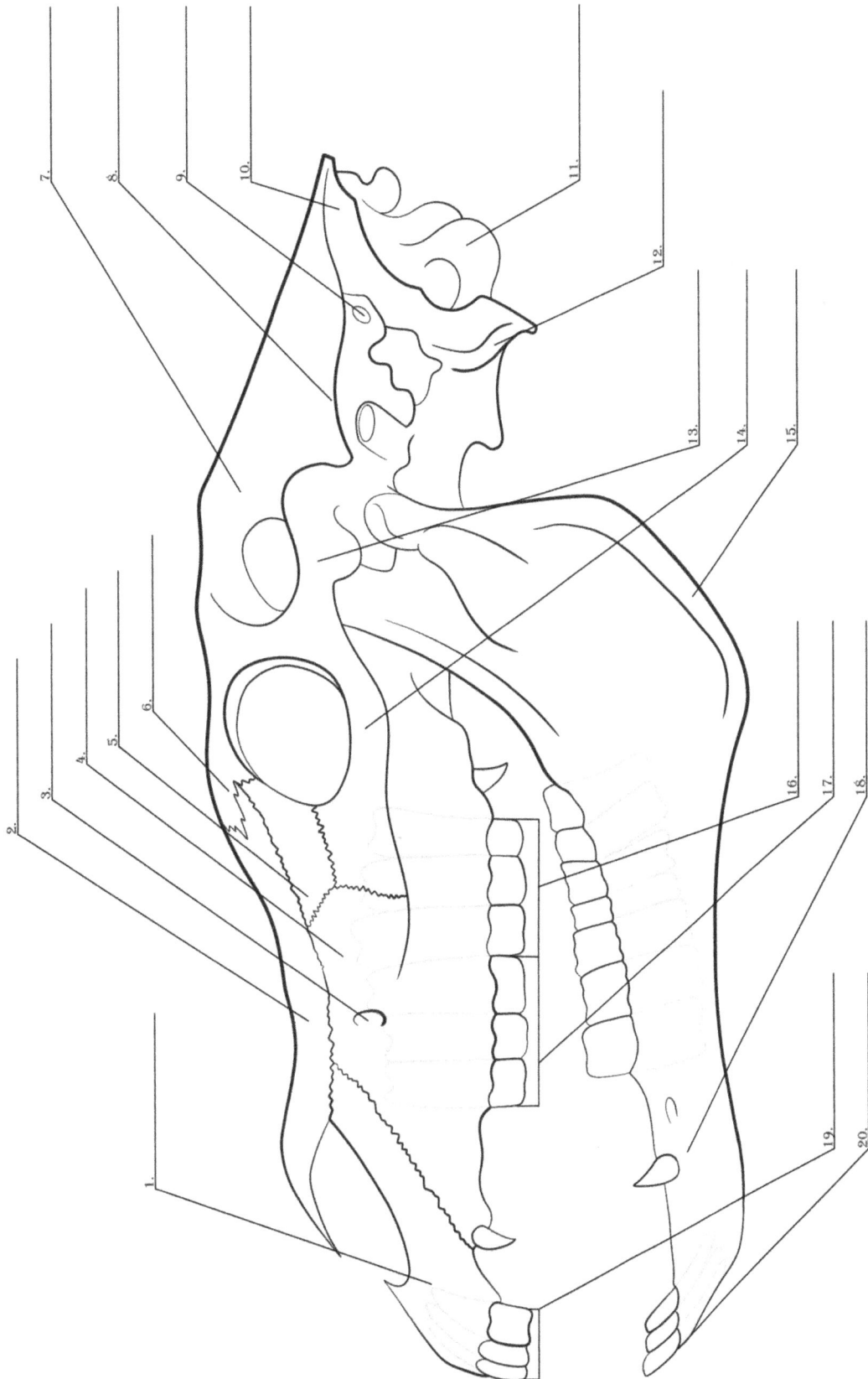

SECCIÓN 13: EL CRÁNEO DEL CABALLO ASPECTO LATERAL

1. HUESO INCISIVO
2. HUESO NASAL
3. ORIFICIO INFRAORBITARIO
4. MAXILAR
5. HUESO LAGRIMAL CON LA ÓRBITA DETRÁS
6. HUESO FRONTAL
7. HUESO PARIETAL
8. FOSA TEMPORAL
9. MEATO AUDITIVO EXTERNO
10. CRESTA FACIAL
11. CÓNDILO OCCIPITAL
12. PROCESO PARACONDILAR
13. ARCO CIGOMÁTICO
14. HUESO CIGOMÁTICO CON CRESTA FACIAL
15. ÁNGULO MANDIBULAR
16. MOLARES
17. PREMOLARES
18. MARGO INTERALVEOLARIS
19. INCISIVOS
20. DIENTES INCISIVOS

SECCIÓN 14: DENTRO DEL CRÁNEO DEL CABALLO ASPECTO LATERAL

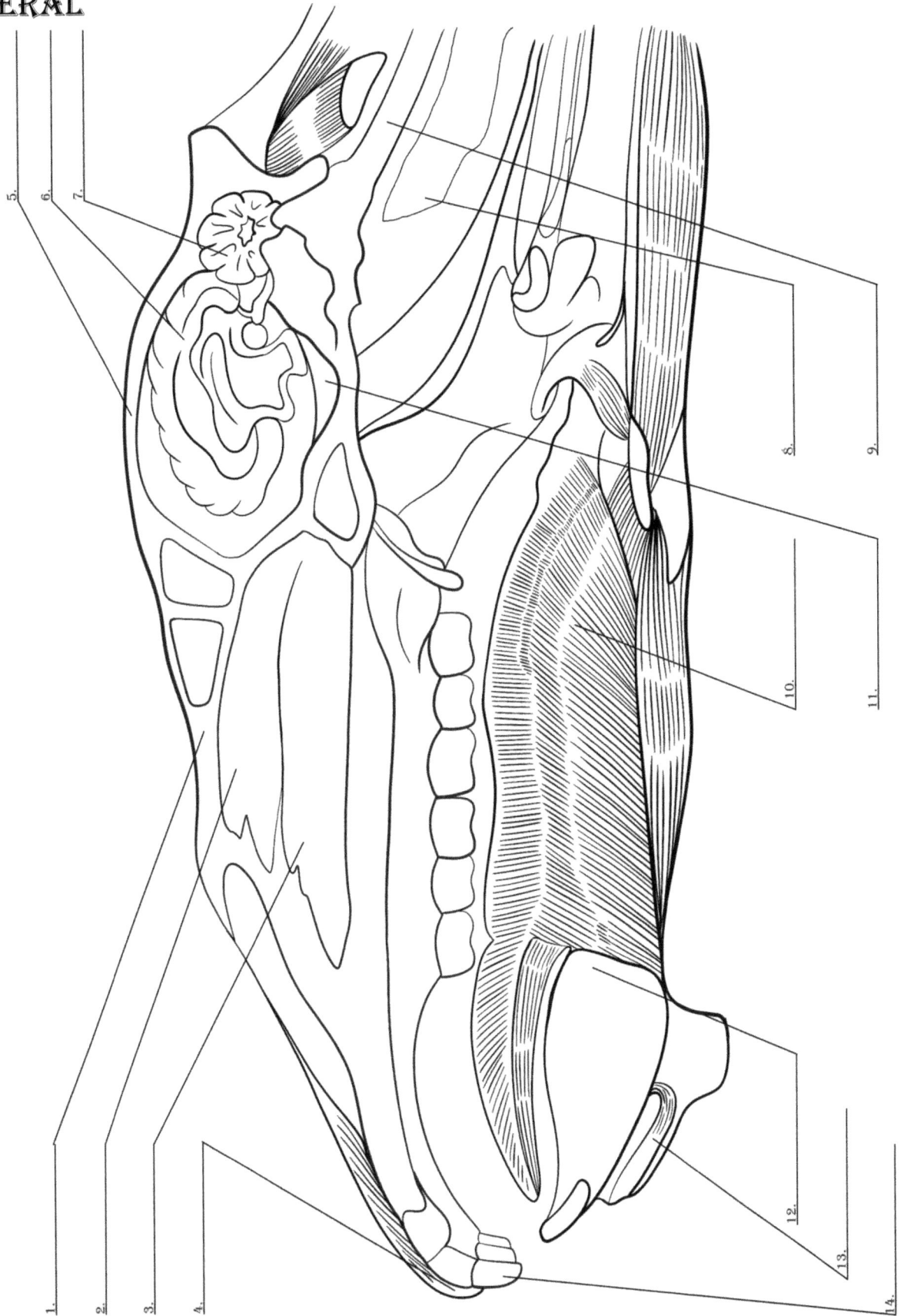

SECCIÓN 14:DENTRO DEL CRÁNEO DEL CABALLO ASPECTO LATERAL

1. HUESO NASAL
2. CONCHA DORSAL
3. CONCHA VENTRAL
4. LABIO SUPERIOR
5. HUESO FRONTAL
6. CEREBRO
7. CEREBELO
8. EJE
9. MÉDULA ESPINAL
10. CUERPO DE LENGUA
11. QUIASMA ÓPTICO
12. MANDÍBULA
13. LABIO INFERIOR
14. DIENTES INCISIVOS

SECCIÓN 15:EL CRÁNEO DEL LADO DORSAL DEL CABALLO

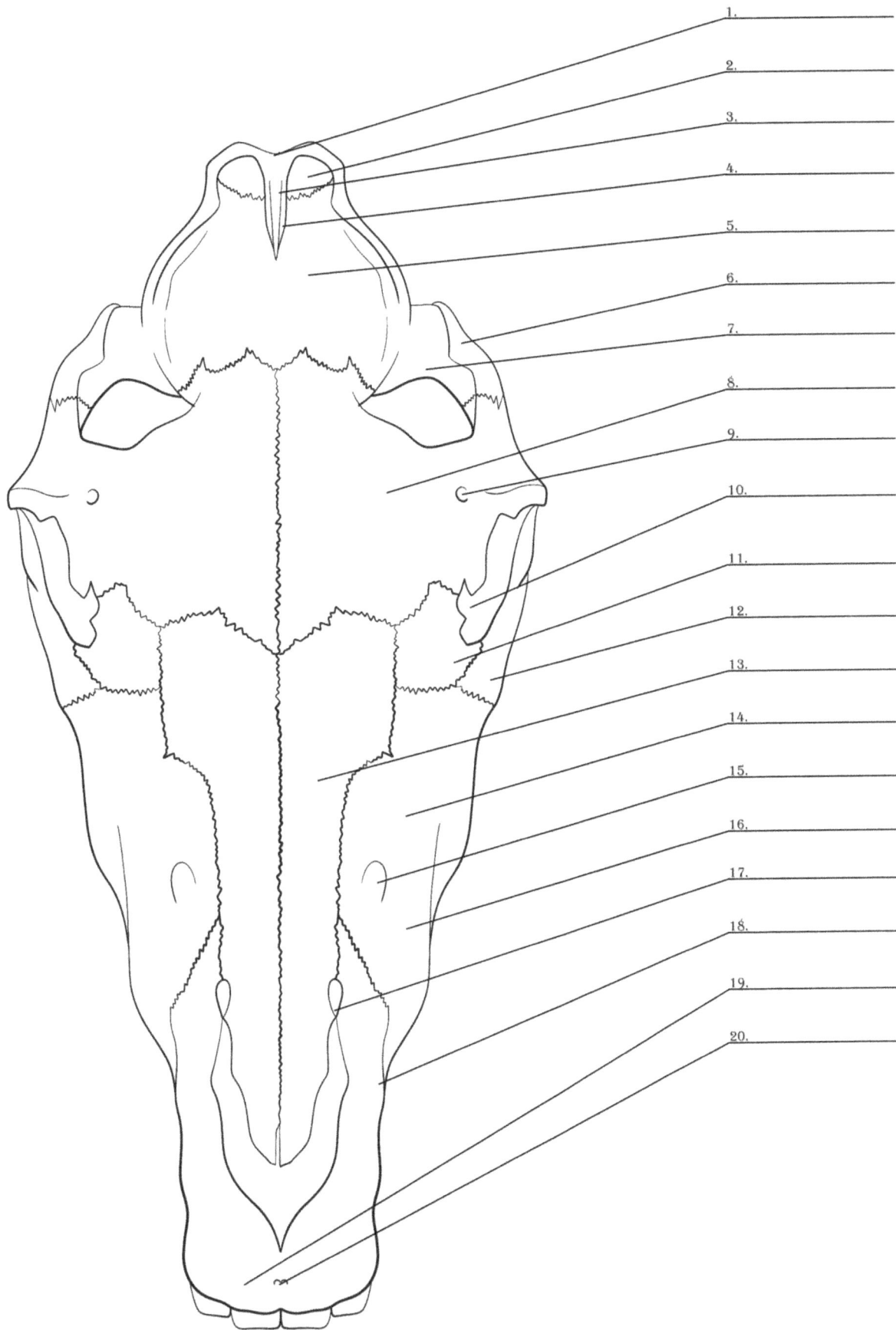

1. _____

2. _____

3. _____

4. _____

5. _____

6. _____

7. _____

8. _____

9. _____

10. _____

11. _____

12. _____

13. _____

14. _____

15. _____

16. _____

17. _____

18. _____

19. _____

20. _____

SECCIÓN 15:EL CRÁNEO DEL LADO DORSAL DEL CABALLO

1 . LÍNEA NUCAL SUPERIOR
2. HUESO OCCIPITAL
3. CRESTA PARIETAL
4. HUESO INTERPARIETAL
5. HUESO PARIETAL
6. ARCO CIGOMÁTICO
7. HUESO TEMPORAL ESCAMOSO
8. HUESO FRONTAL
9. FORAMEN SUPRAORBITARIO
10. ORBITA
11. HUESO LAGRIMAL
12. HUESO CIGOMÁTICO
13. HUESO NASAL
14. MAXILAR
15. FORAMEN INFRAORBITARIO
16. CRESTA FACIAL
17. MUESCA NASOMAXILAR
18. NASAL DE HUESO INCISIVO
19. CUERPO DE HUESO INCISIVO
20. FORAMEN INCISIVO

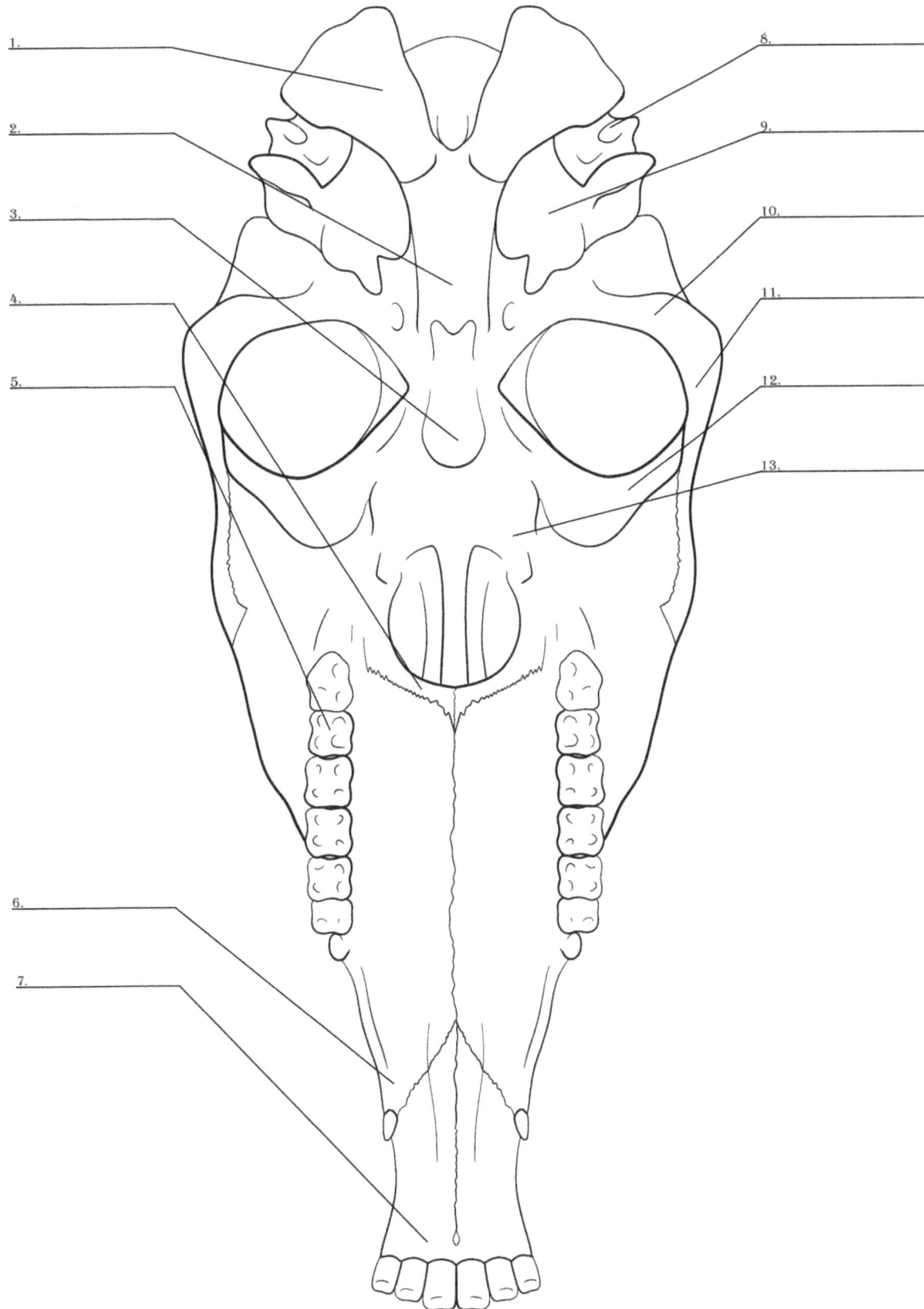

1.

2.

3.

4.

5.

6.

7.

8.

9.

10.

11.

12.

13.

SECCIÓN 16:EL CRÁNEO DEL CABALLO ASPECTO VENTRAL

1. FORAMEN MAGNO
2. HUESO OCCIPITAL
3. HUESO BASIESFENOIDES
4. HUESO PALATINO
5. DIENTES
6. MAXILAR
7. HUESO INCISIVO
8. PROCESO YUGULAR HUESO
9. FORAMEN LACERUM
10. FORAME ALAR CAUDAL
11. HUESO CIGOMÁTICO
12. FISURA ORBITARIA
13. HAMULUS DE HUESO PTERIGOIDEO

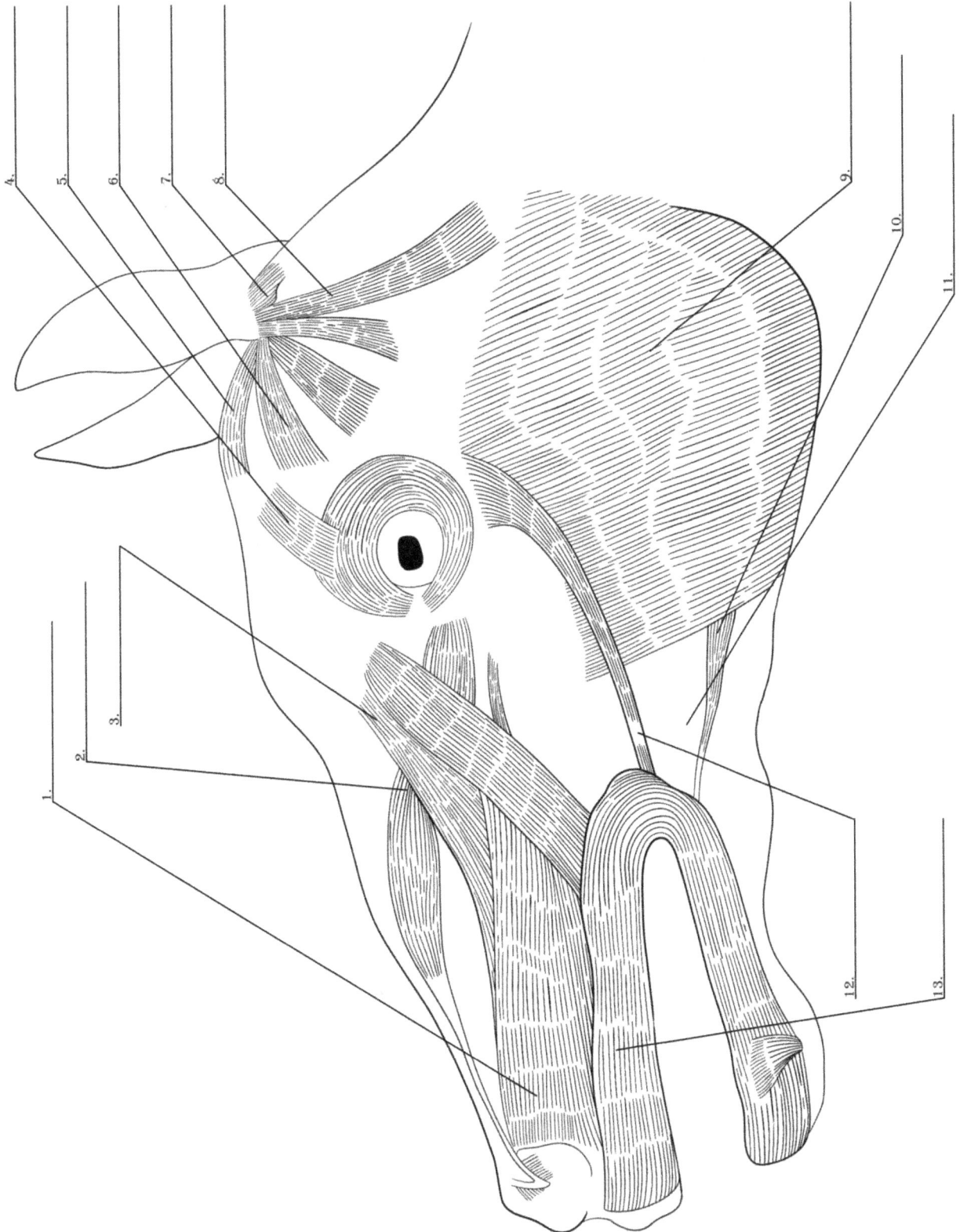

SECCIÓN 17: LOS MÚSCULOS DE LA CABEZA CARA LATERAL

SECCIÓN 17: LOS MÚSCULOS DE LA CABEZA CARA LATERAL

1. MÚSCULO CANINO
2 . MÚSCULO ELEVADOR DEL LABIO MAXILAR
3. MÚSCULO ELEVADOR NASOLABIAL
4 . MÚSCULO ELEVADOR DEL ÁNGULO MEDIAL
5. MÚSCULOS INTERSCUTULARIS
6. PARS TEMPORALIS DEL MÚSCULO FRONTOSCUTULARIS
7 . MÚSCULO CERVÍCOAURICULARIS
8. MÚSCULO PAROTIDOAURICULAR
9. MÚSCULO BRAQUIOCEFÁLICO
10. MÚSCULO DEPRESOR LABII MANDIBULARIS
11. MÚSCULO BUCCALIS
12. MÚSCULO CIGOMÁTICO
13 . MÚSCULO ORBICULAR DE LA BOCA

SECCIÓN 18:LOS MÚSCULOS DE LA CARA DORSAL DE LA CABEZA

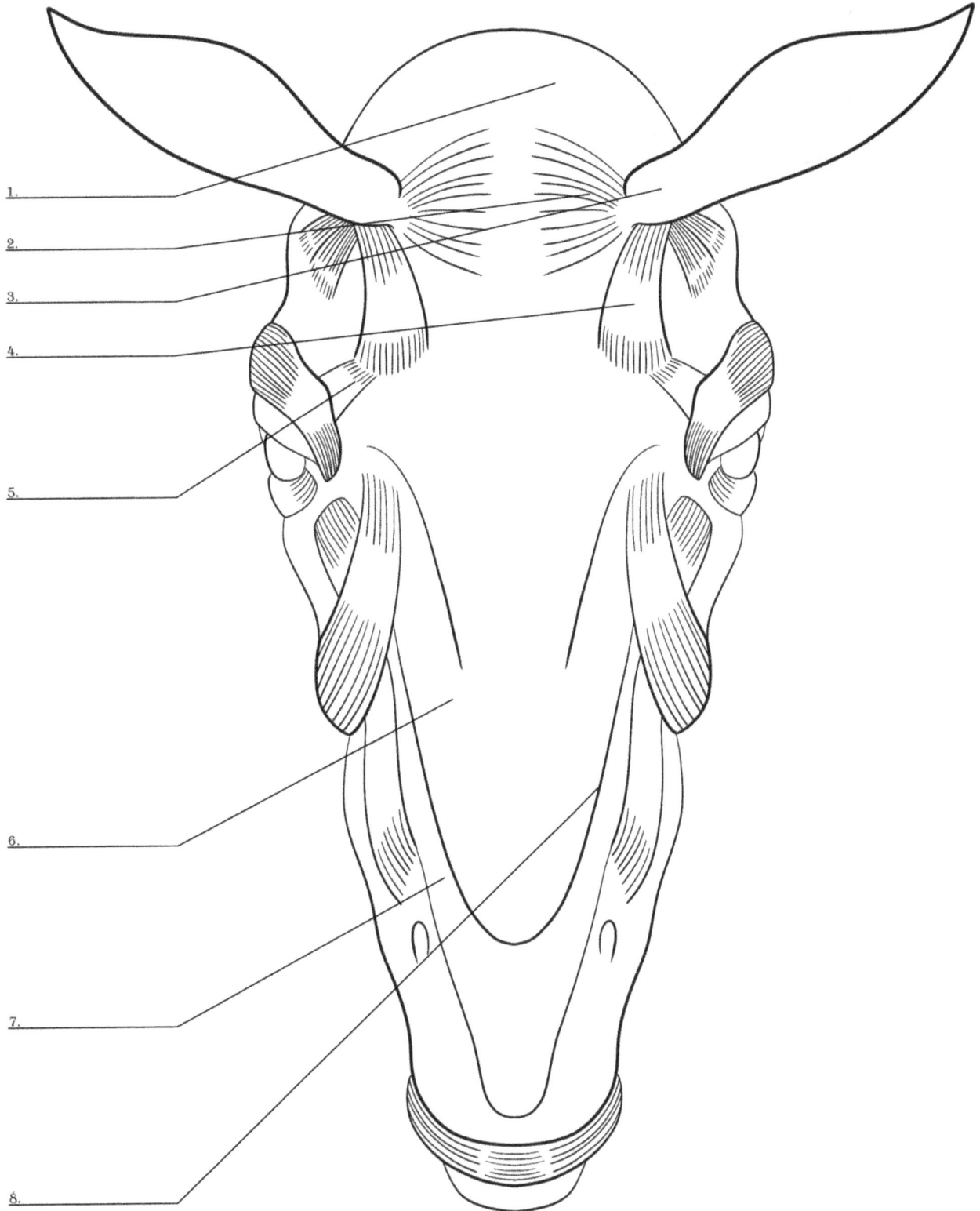

1. _____

2. _____

3. _____

4. _____

5. _____

6. _____

7. _____

8. _____

SECCIÓN 18:LOS MÚSCULOS DE LA CARA DORSAL DE LA CABEZA

1 . MÚSCULO PERVICOAURICOLARIS SUPERFICIALIS
2. MÚSCULOS INTERSCUTULARIS
3. MÚSCULO SCUTULOAURICULARIS
4. MÚSCULO PARIETOSCUTULARIS
5 . MÚSCULO ELEVADOR DEL ÁNGULO MEDIAL
6. MÚSCULO ELEVADOR NASOLABIAL
7 . MÚSCULO LATERAL DE LA NARIZ
8 . MÚSCULO ELEVADOR DEL LABIO MAXILAR

SECCIÓN 19: CEREBRO DEL LADO LATERAL Y DORSAL DEL CABALLO

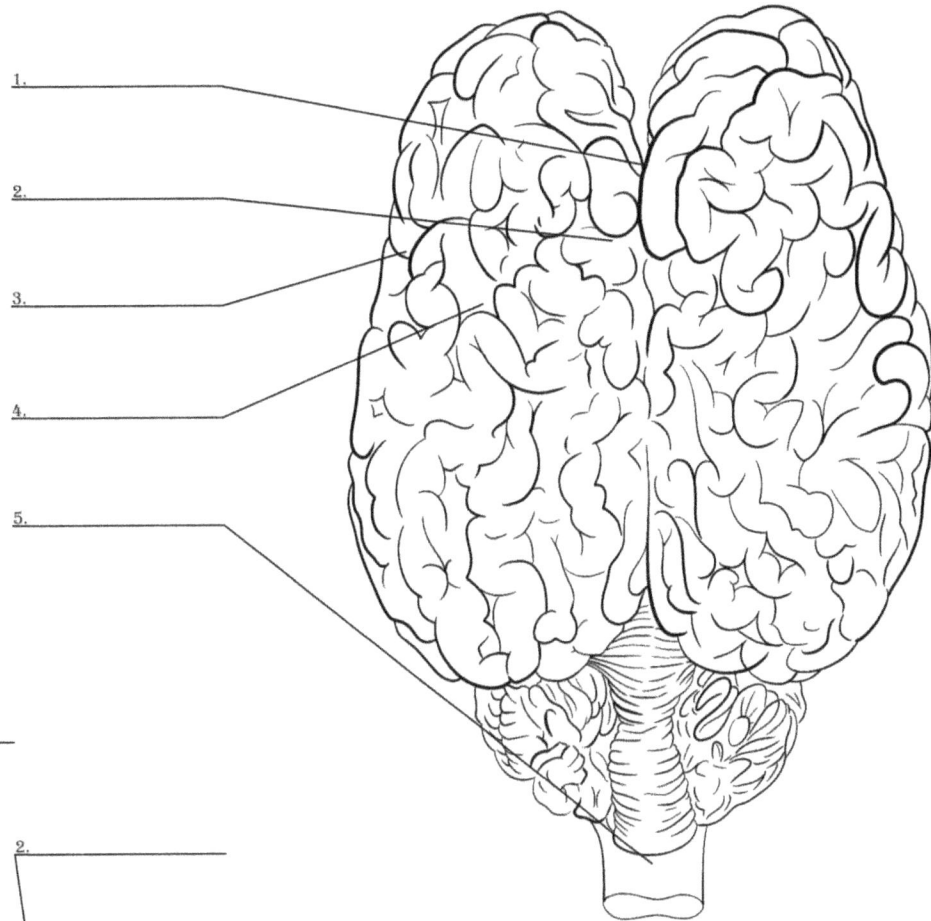

1.
2.
3.
4.
5.

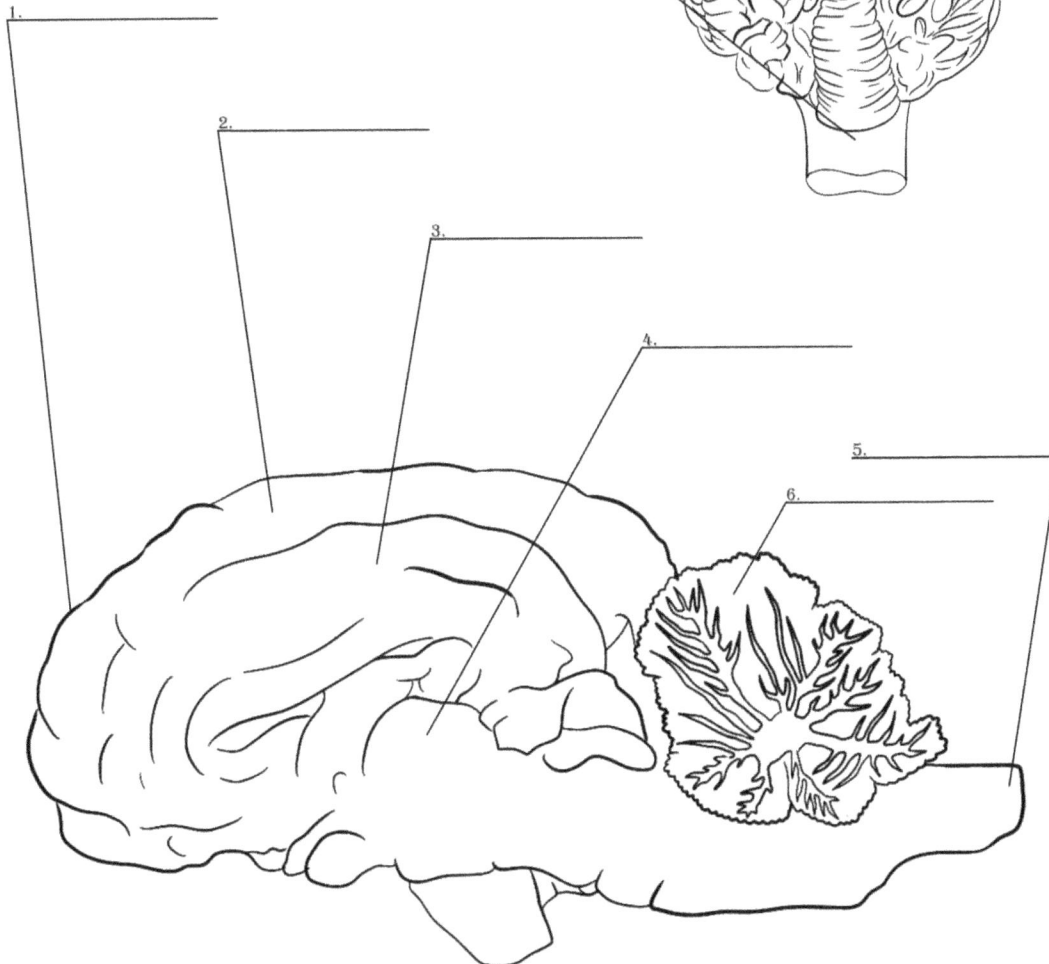

1.
2.
3.
4.
5.
6.

SECCIÓN 19: CEREBRO DEL LADO LATERAL Y DORSAL DEL CABALLO

1. MÚSCULO DEPRESOR LABII MANDIBULARIS
2. FISURA CRUCIAL
3. FISURA LATERAL
4. GRAN FISURA OBLICUA
5. BULBO RAQUÍDEO
6. CEREBELO

SECCIÓN 20: EL OJO DEL CABALLO

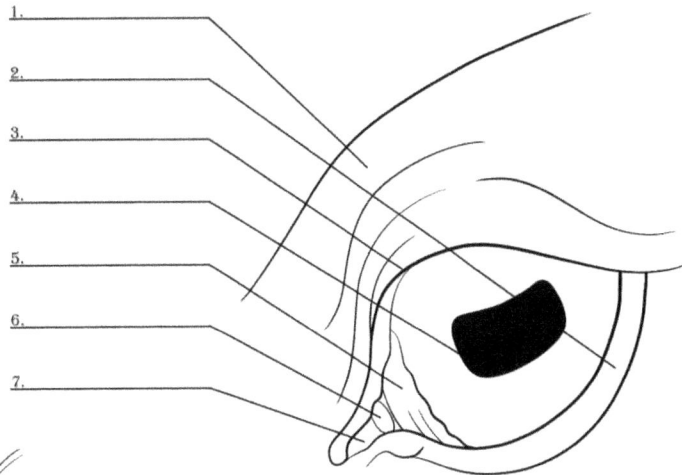

1. _____
2. _____
3. _____
4. _____
5. _____
6. _____
7. _____

FIBROUS TUNIC:

8. _____
9. _____
10. _____
11. _____
12. _____
13. _____
14. _____
15. _____
16. _____

17. _____
18. _____
19. _____
20. _____
21. _____

RETINA:

22. _____
23. _____
24. _____

25. _____

26. _____
27. _____
28. _____
29. _____
30. _____
31. _____

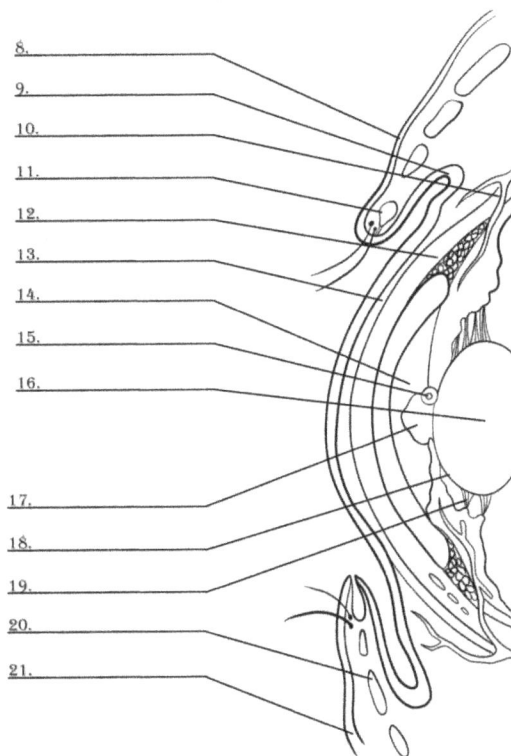
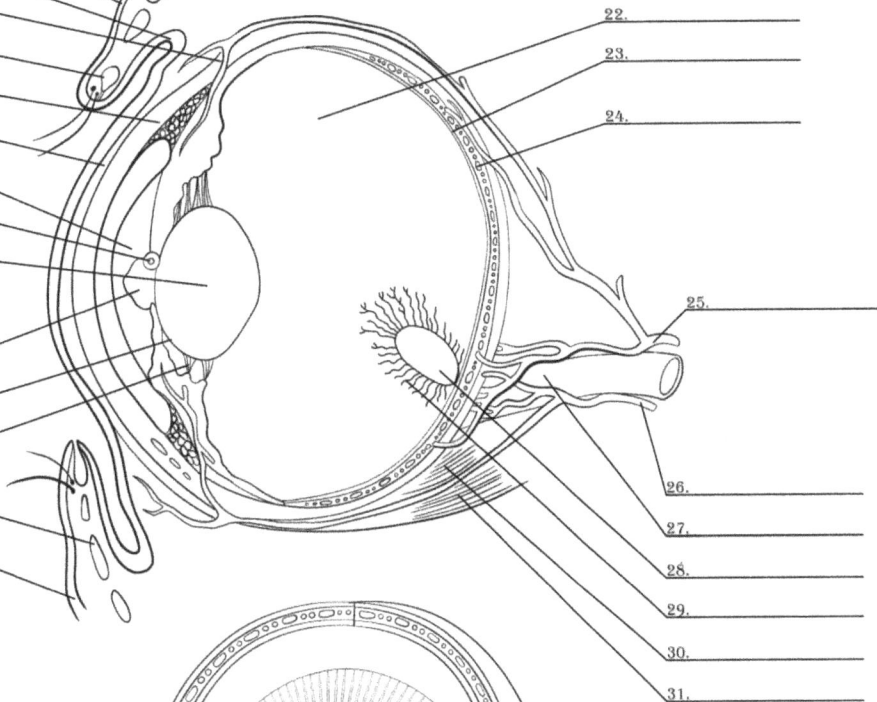

CILIARY BODY:

32. _____
33. _____
34. _____

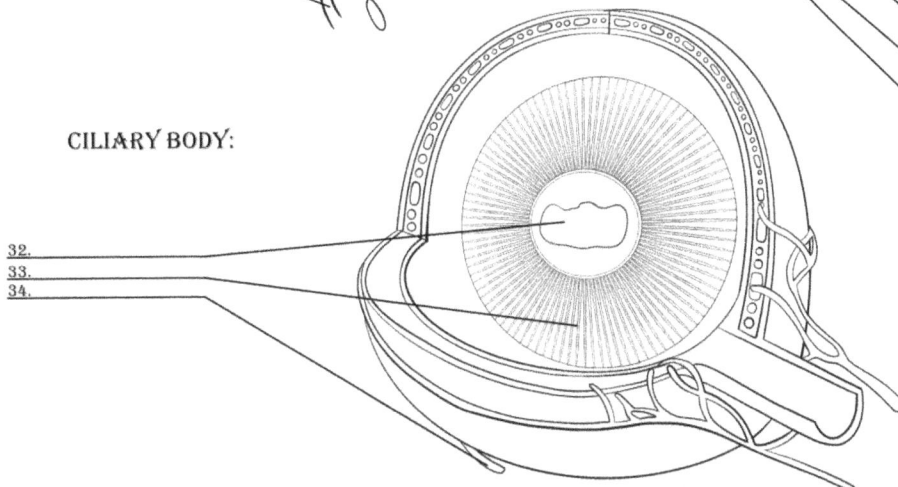

SECCIÓN 20: EL OJO DEL CABALLO

1. REGIÓN SUPRAORBITARIA
2. ÁNGULO LATERAL DEL OJO
3. BORDE DE PESTAÑAS DEL PÁRPADO SUPERIOR
4. IRIS
5. TERCER PÁRPADO
6. CARÚNCULA LAGRIMAL
7. ÁNGULO MEDIAL DEL OJO

TÚNICA FIBROSA
8. PÁRPADO SUPERIOR
9. CONJUNTIVA BULBAR
10. ESCLERA
11. GLÁNDULAS TARSALES
12. LIMBO
13. CÓRNEA
14. IRIS
15. GRÁNULOS IRÍDICOS
16. CRISTALINO
17. PUPILA
18. CÁPSULA DEL CRISTALINO
19. FIBRAS ZONALES
20. ORBICULARIS OCULI
21. PÁRPADO INFERIOR

RETINA:
22. PUNTO CIEGO
23. PARTE ÓPTICA
24. COROIDES
25. ARTERIA OFTÁLMICA EXTERNA
26. ARTERIA OFTÁLMICA INTERNA
27. NERVIO ÓPTICO
28. DISCO ÓPTICO
29. VASOS RETINIANOS
30. RECTO VENTRAL
31. RETRATOR DEL BULBO

CUERPO CILIAR
32. RADII LENTIS
33. CORONA CILIAR
34. VENA VORTICOSA

SECCIÓN 21: LOS LABIOS Y LA NARIZ DEL CABALLO

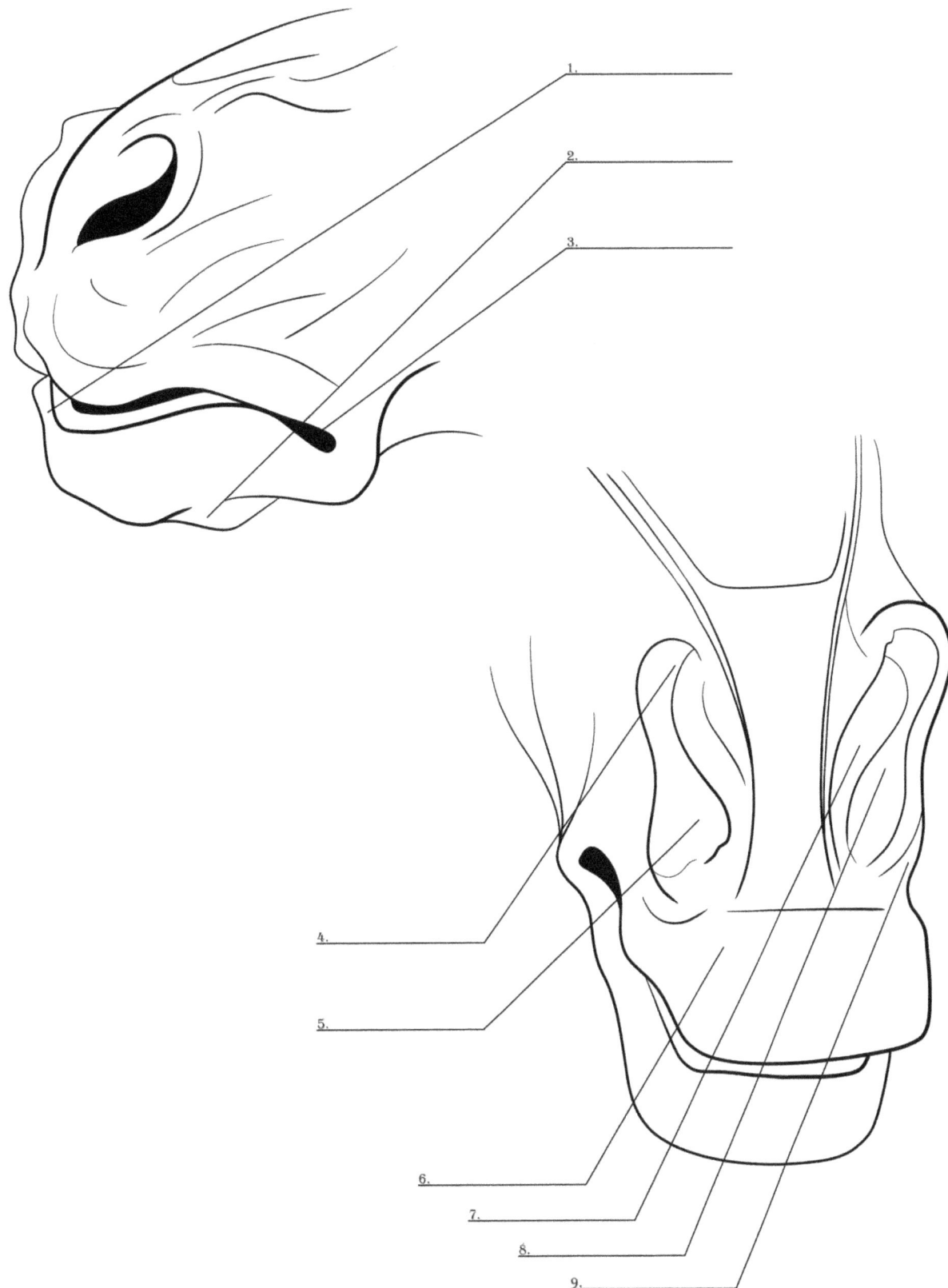

1.

2.

3.

4.

5.

6.

7.

8.

9.

SECCIÓN 21: LOS LABIOS Y LA NARIZ DEL CABALLO

1. LABIO INFERIOR
2. PUNTO MENTAL
3. ÁNGULO DE LA BOCA
4. FOSA NASAL FALSA (DIVERTÍCULO)
5. FOSA NASAL VERDADERA
6. REGIÓN NASOLABIAL
7. ALA LATERAL DE LAS FOSAS NASALES
8. ABERTURA NASAL DEL CONDUCTO NASOLAGRIMAL
9. ALA MEDIAL DE LA FOSA NASAL

SECCIÓN 22: LAS OREJAS DEL CABALLO

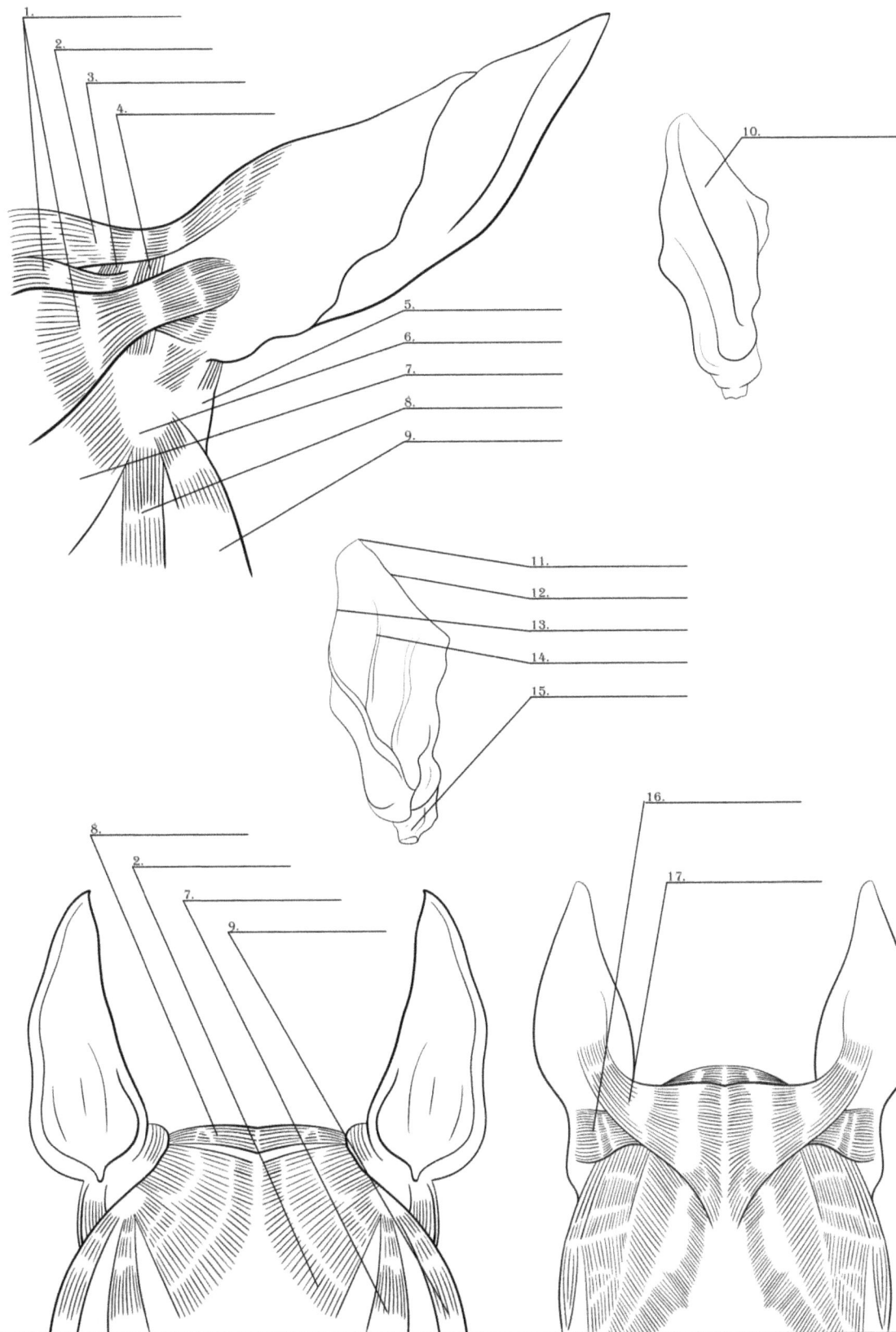

SECCIÓN 22: LAS OREJAS DEL CABALLO

1. MÚSCULOS INTER / PARIETOAURICULARIS
2 . MÚSCULO CERVICOAURICULARIS
3. ROTADOR MÚSCULO AURIS LONGUS
4. MÚSCULO SCUTULOAURICULARIS
5. MÚSCULO PAROTIDOAURICULAR
6. CARTÍLAGO ESCUTULAR
7. MÚSCULO PARIETOSCUTULARIS
8. MÚSCULO PARIETOSCUTULARIS
9. MÚSCULO ZIGOMÁTICO SCUTELLARIS
10. SUPERFICIE CAUDAL DEL CARTÍLAGO AURICULAR
11. ÁPICE DEL CARTÍLAGO AURICULAR
12. MARGEN ROSTRAL DEL CARTÍLAGO AURICULAR
13. MARGEN CAUDAL DEL CARTÍLAGO AURICULAR
14. CAVIDAD DEL CARTÍLAGO AURICULAR
15. CONDUCTO AUDITIVO EXTERNO DEL CONDRO
16 . MÚSCULO CERVICOAURICULARIS PROFUNDO
17 . MÚSCULO CERVICOAURICULARIS SUPERFICIALIS

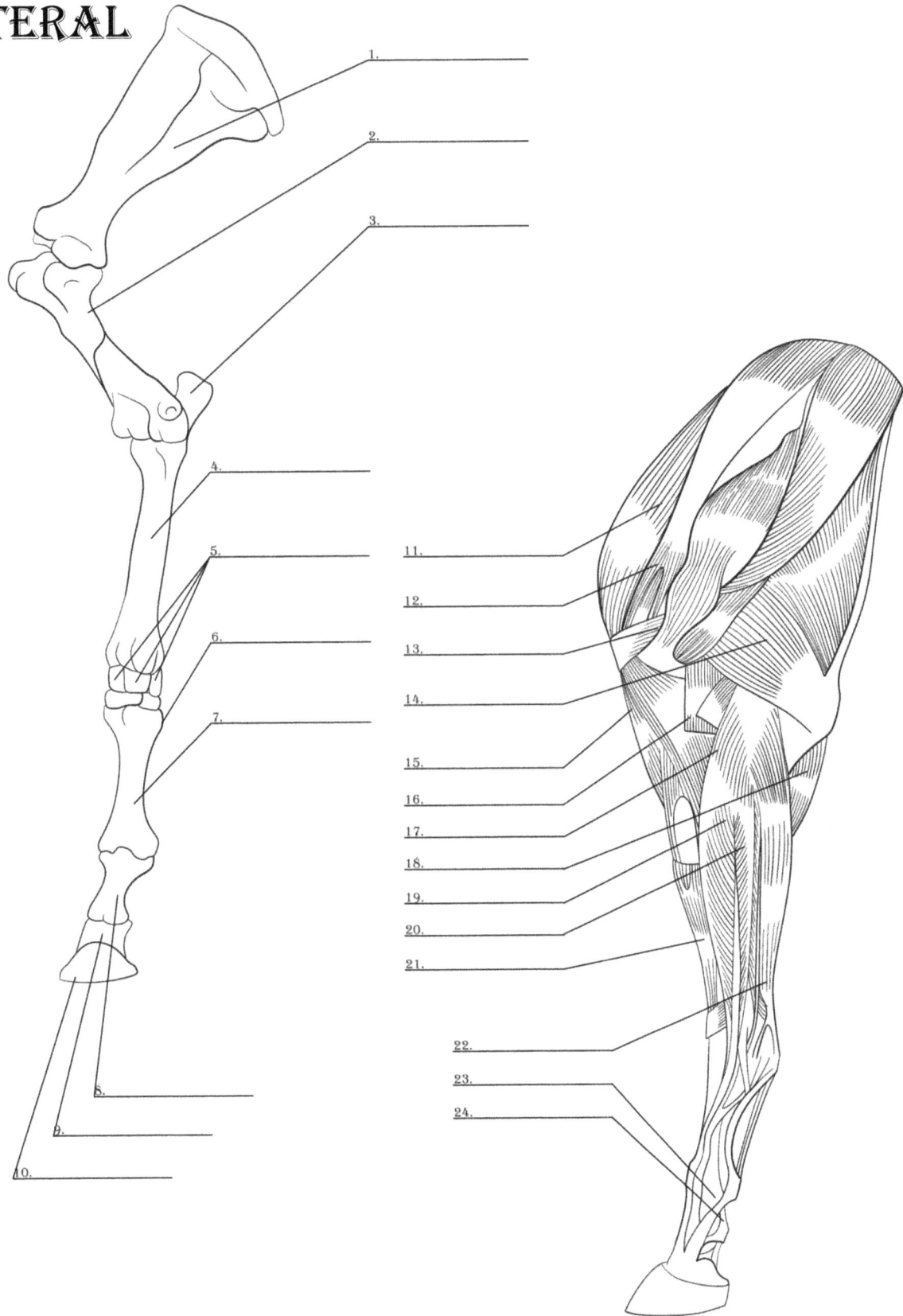

SECCIÓN 23: EXTREMIDAD TORÁCICA CARA LATERAL

1.

2.

3.

4.

5.

6.

7.

8.

9.

10.

11.

12.

13.

14.

15.

16.

17.

18.

19.

20.

21.

22.

23.

24.

SECCIÓN 23: EXTREMIDAD TORÁCICA CARA LATERAL

1. OMÓPLATO
2. HÚMERO
3. OLÉCRANON
4. RADIO
5. HUESOS CARPIANOS
6. CUARTO HUESO METACARPIANO
7. TERCER HUESO METACARPIANO
8. FALANGE PROXIMAL
9. FALANGE MEDIA
10. FALANGE DISTAL

11. MÚSCULO SUPRAESPINOSO
12. MÚSCULO INFRAESPINOSO
13. MÚSCULO DELTOIDEO
14 . MÚSCULO TRÍCEPS BRAQUIAL
15 . MÚSCULO BÍCEPS BRAQUIAL
16. MÚSCULO BRAQUIAL
17 . MÚSCULO EXTENSOR RADIAL DEL CARPO
18 . MÚSCULO FLEXOR PROFUNDO DE LOS DEDOS
19. MÚSCULO EXTENSOR DE LOS DEDOS DEL COMÚN
20 . MÚSCULO EXTENSOR LATERAL DE LOS DEDOS
21.MÚSCULO ABDUCTOR LARGO DEL PULGAR
22 . MÚSCULO EXTENSOR CUBITAL DEL CARPO
23 . MÚSCULO INTERÓSEO MEDIO
24 . MÚSCULO FLEXOR SUPERFICIAL DE LOS DEDOS

SECCIÓN 24: ASPECTO CRANEAL DE LA EXTREMIDAD TORÁCICA

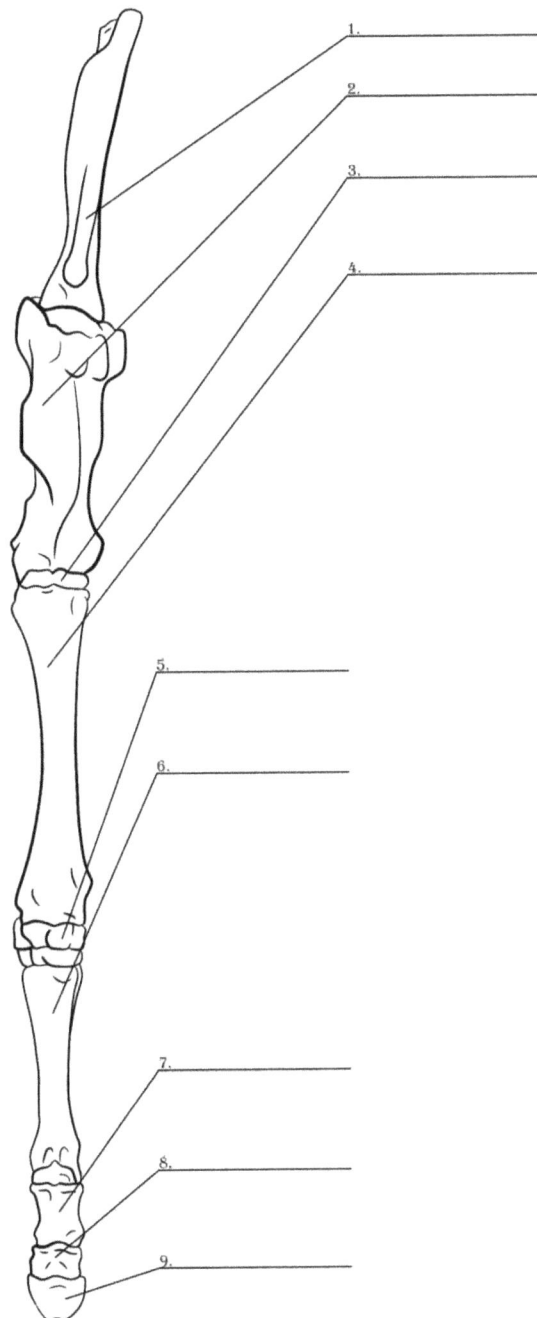

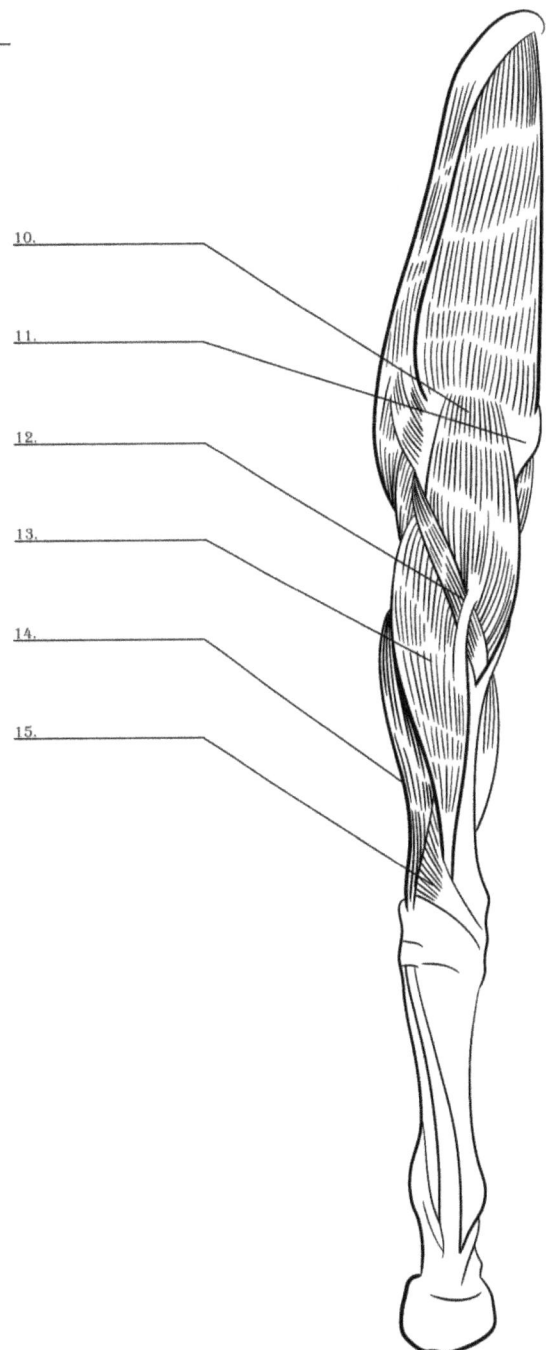

1. _____

2. _____

3. _____

4. _____

5. _____

6. _____

7. _____

8. _____

9. _____

10. _____

11. _____

12. _____

13. _____

14. _____

15. _____

SECCIÓN 24: ASPECTO CRANEAL DE LA EXTREMIDAD TORÁCICA

1. OMÓPLATO
2. HÚMERO
3. ARTICULACIÓN DEL CODO
4. RADIO
5. RODILLA
6. HUESO CÁÑON
7. HUESO DE CUARTILLA LARGA
8. HUESO DE CUARTILLA CORTA
9. HUESO DEL PEDAL

10. MÚSCULO BÍCEPS BRAQUIAL
11. MÚSCULO DELTOIDEO
12. MÚSCULO BRAQUIAL
13. MÚSCULO EXTENSOR RADIAL DEL CARPO
14. MÚSCULO EXTENSOR DE LOS DEDOS DEL COMÚN
15. MÚSCULO ABDUCTOR LARGO DEL PULGAR

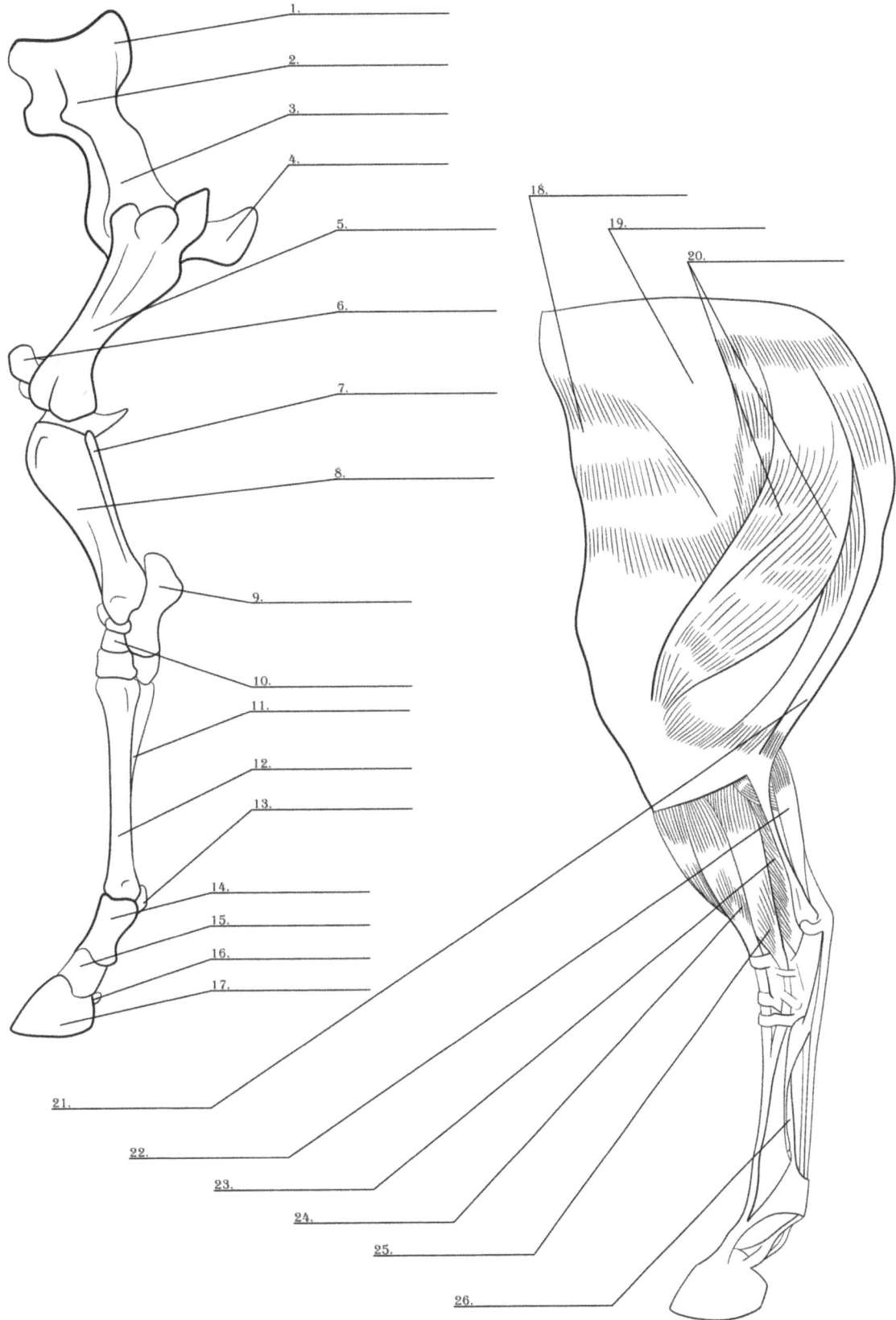

SECCIÓN 25:EXTREMIDAD PÉLVICA CARA LATERAL

1.

2.

3.

4.

5.

6.

7.

8.

9.

10.

11.

12.

13.

14.

15.

16.

17.

18.

19.

20.

21.

22.

23.

24.

25.

26.

SECCIÓN 25:EXTREMIDAD PÉLVICA CARA LATERAL

1. TUBEROSIDAD SACRA
2. ALA DEL ILION
3. PELVIS
4. PUNTO DE LA NALGA
5. FÉMUR
6. RÓTULA
7. PERONÉ
8. TIBIA
9. CALCÁNEO
10. TARSALES
11. FÉRULA DE HUESO
12. HUESO CÁÑON
13. SESAMOIDEO PROXIMAL
14. HUESO DE CUARTILLA LARGA
15. HUESO DE CUARTILLA CORTA
16. HUESO NAVICULAR
17. CORONA

18 . MÚSCULO TENSOR DE LA FASCIA LATA
19 . MÚSCULO GLÚTEO SUPERFICIAL
20 . MÚSCULO BÍCEPS FEMORAL
21. MÚSCULO SEMITENDINOSO
22. MÚSCULO GASTROCNEMIO
23 . MÚSCULO TIBIALIS CAUDALIS
24 . MÚSCULO EXTENSOR LARGO DE LOS DEDOS
25 . MÚSCULO EXTENSOR LATERAL DE LOS DEDOS
26 . MÚSCULO INTERÓSEO MEDIO

SECCIÓN 26: ASPECTO CRANEAL DEL MIEMBRO PÉLVICO

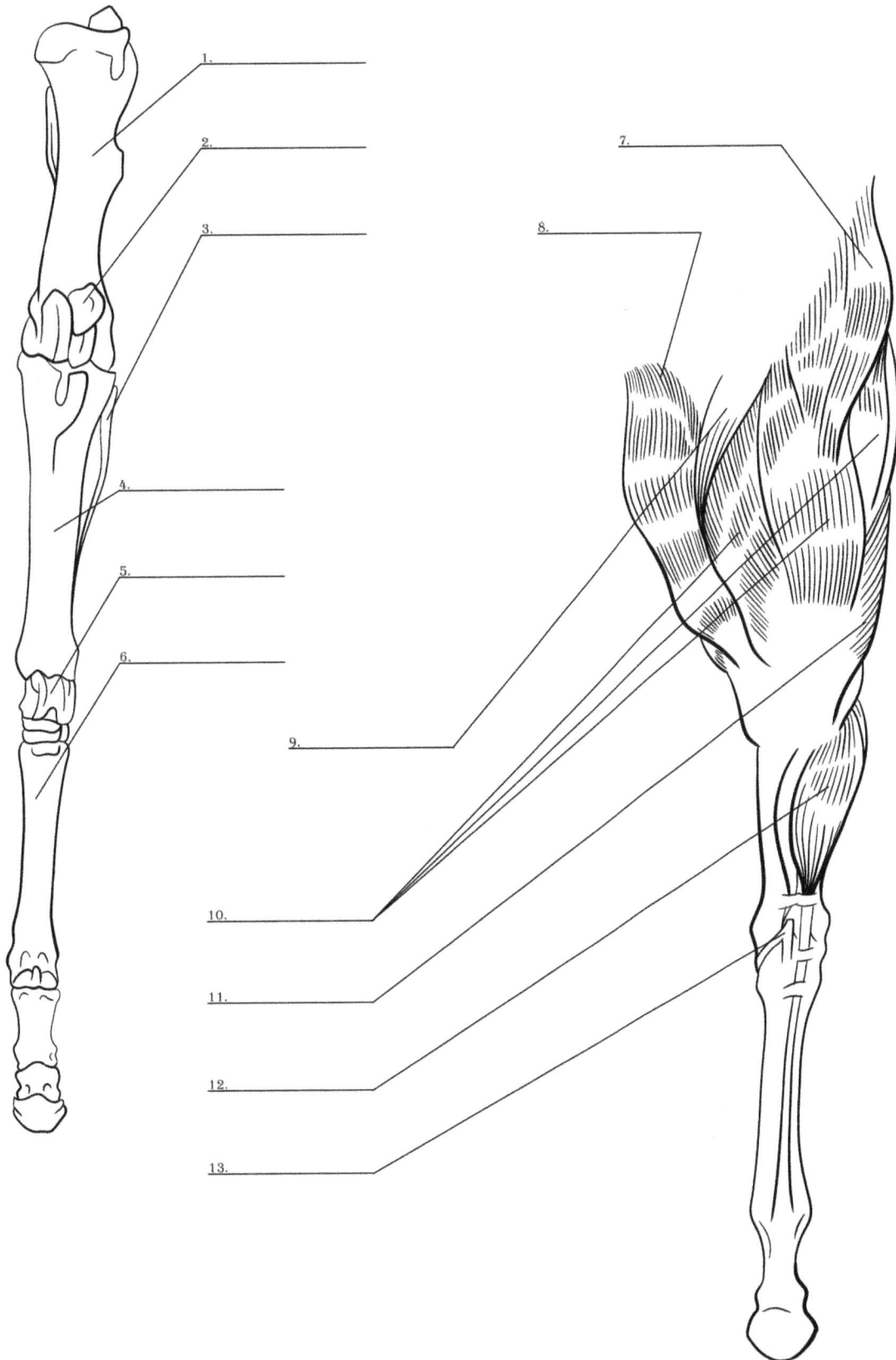

1.

2.

3.

4.

5.

6.

7.

8.

9.

10.

11.

12.

13.

SECCIÓN 26: ASPECTO CRANEAL DEL MIEMBRO PÉLVICO

1. FÉMUR
2. RÓTULA
3. PERONÉ
4. TIBIA
5. TARSALES
6. HUESO CÁÑON
7 . MÚSCULO TENSOR DE LA FASCIA LATA
8. MÚSCULO GRÁCIL
9. MÚSCULO SARTORIO
10 . MÚSCULO CUÁDRICEPS FEMORAL
11 . MÚSCULO BÍCEPS FEMORAL
12 . MÚSCULO EXTENSOR LARGO DE LOS DEDOS
13. TENDÓN DEL MÚSCULO CRANEAL TIBIAS

SECCIÓN 27:LA PEZUÑA DEL CABALLO 1

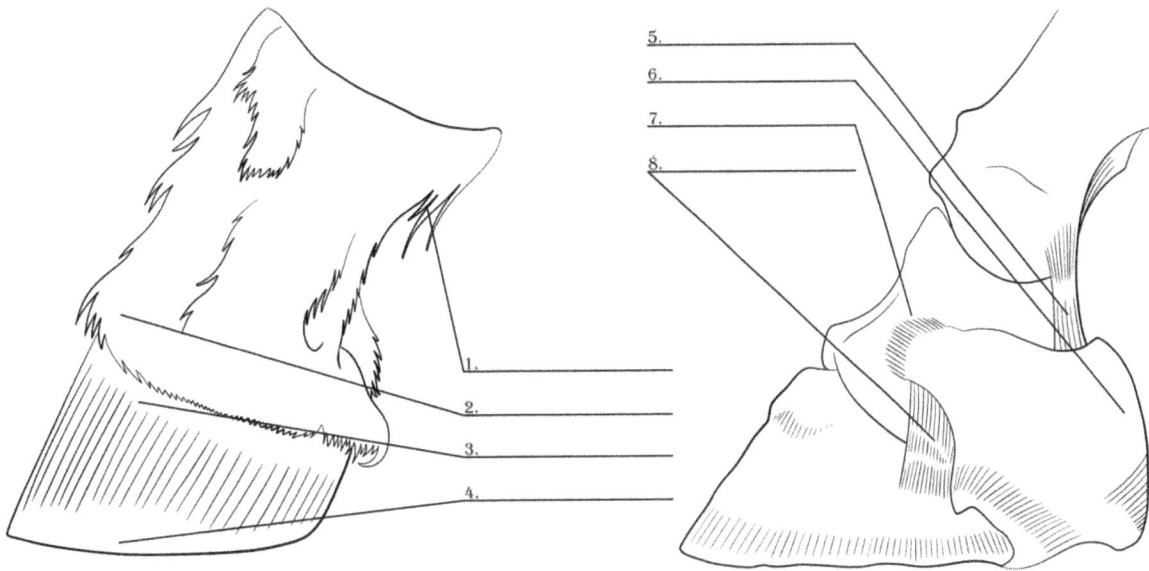

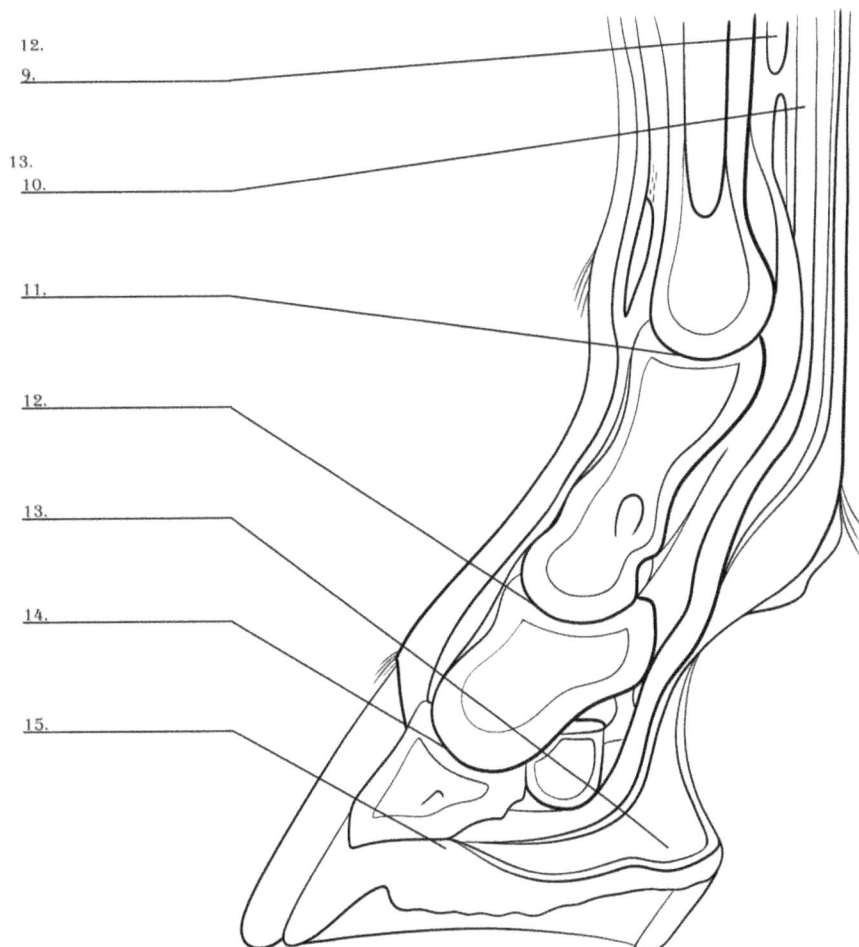

1. PLUMAS
2. CORION PERIOPLICO
3. CORION CORONARIO
4. CORIUM DE LA PARED
5. CONDROCOMPEDALIS DEL LIGAMENTO LATERAL
6. CARTÍLAGO DE LA PEZUÑA
7. LIGAMENTO DORSAL DEL CARTÍLAGO DE LA PEZUÑA
8. LIGAMENTO COLATERAL DE LA ARTICULACIÓN DEL PIE
9 . MÚSCULO INTERÓSEO MEDIO
10 . MÚSCULO FLEXOR PROFUNDO DE LOS DEDOS
11. ARTICULACIÓN MENUDILLO
12. ARTICULACIÓN DE CUARTILLA
13. HIPODERMIS (COJÍN DIGITAL)
14. ARTICULACIÓN DEL PEDAL
15. RANILLA (EPIDERMIS CUNEI)

SECCIÓN 28:LA PEZUÑA DEL CABALLO 2

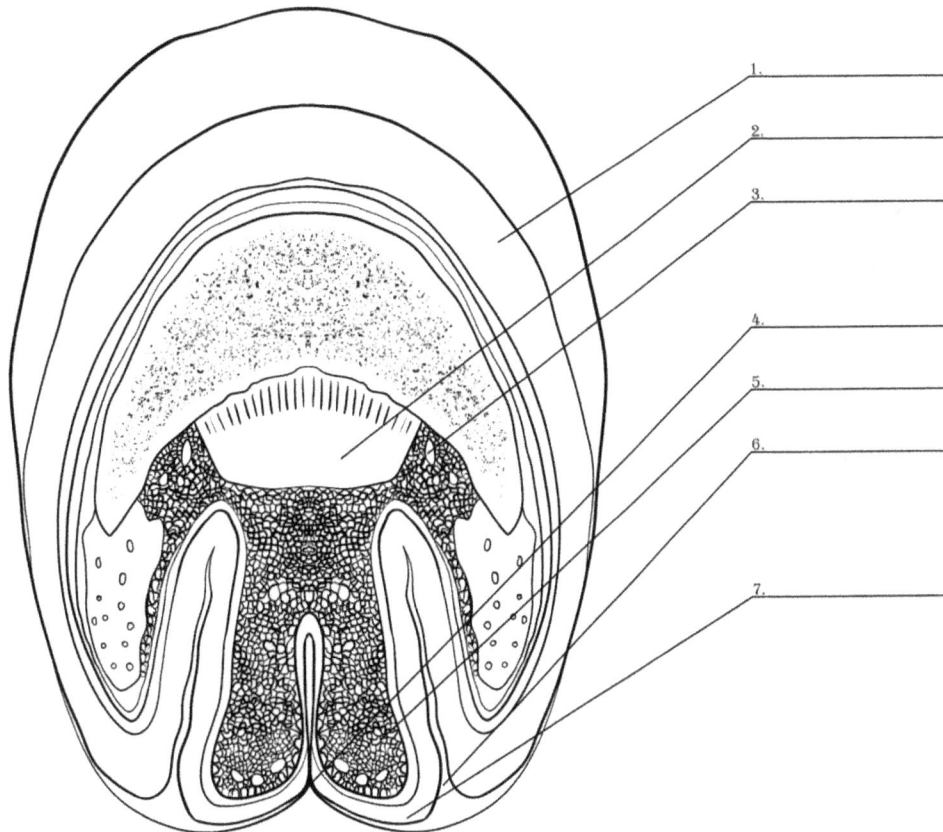

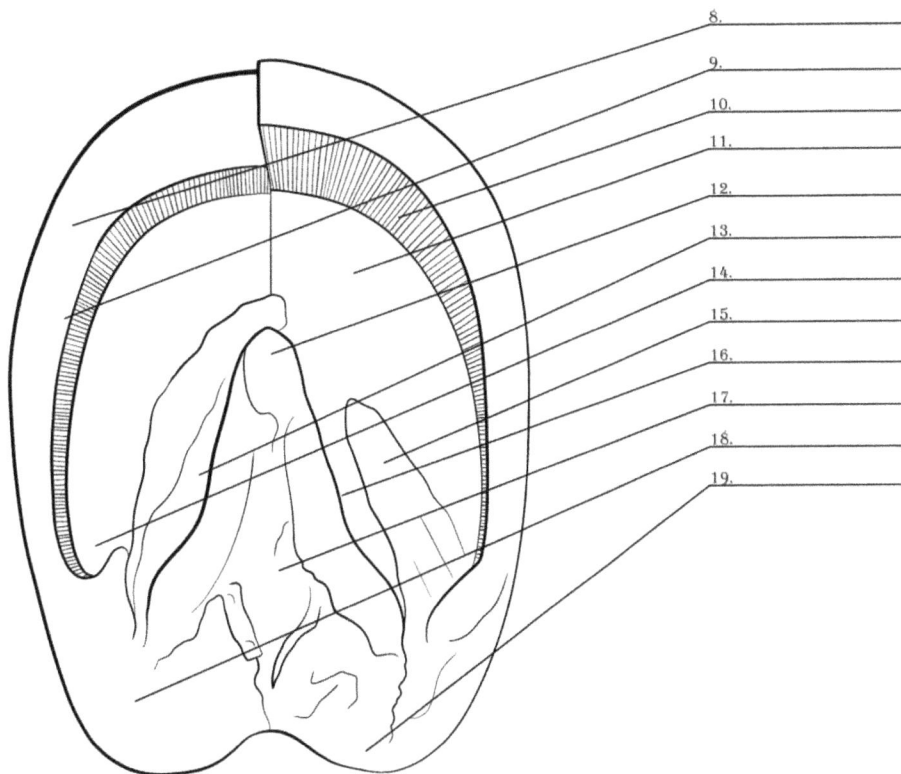

1. _____
2. _____
3. _____
4. _____
5. _____
6. _____
7. _____

8. _____
9. _____
10. _____
11. _____
12. _____
13. _____
14. _____
15. _____
16. _____
17. _____
18. _____
19. _____

1. EPIDERMIS CORONARIA
2. TENDÓN FLEXOR DIGITAL PROFUNDO
3. ARTERIA, VENA Y NERVIO MEDIAL
4. SURCO CENTRAL DE LA RANILLA
5. CRUS DE LA RANILLA
6. SURCO PARACUNEAL
7. BARRA (PARS INFLEXA)

8. ESTRATO MEDIO DE LA PARED DEL CASCO
9. LINEA BLANCA
10. LÂMINA EPIDÉRMICA
11. CUERPO DE LA SUELA
12. ÁPICE DE LA RANILLA
13. BARRA
14. CUERPO DE LA SUELA
15. CRUS DE LA SUELA
16. SURCO PARACUNEAL
17. SURCO CENTRAL DE LA RANILLA
18. ÁNGULO DE LA MURALLA
19. BULBO DEL TALÓN

SECCIÓN 29: EL CORAZON DEL CABALLO

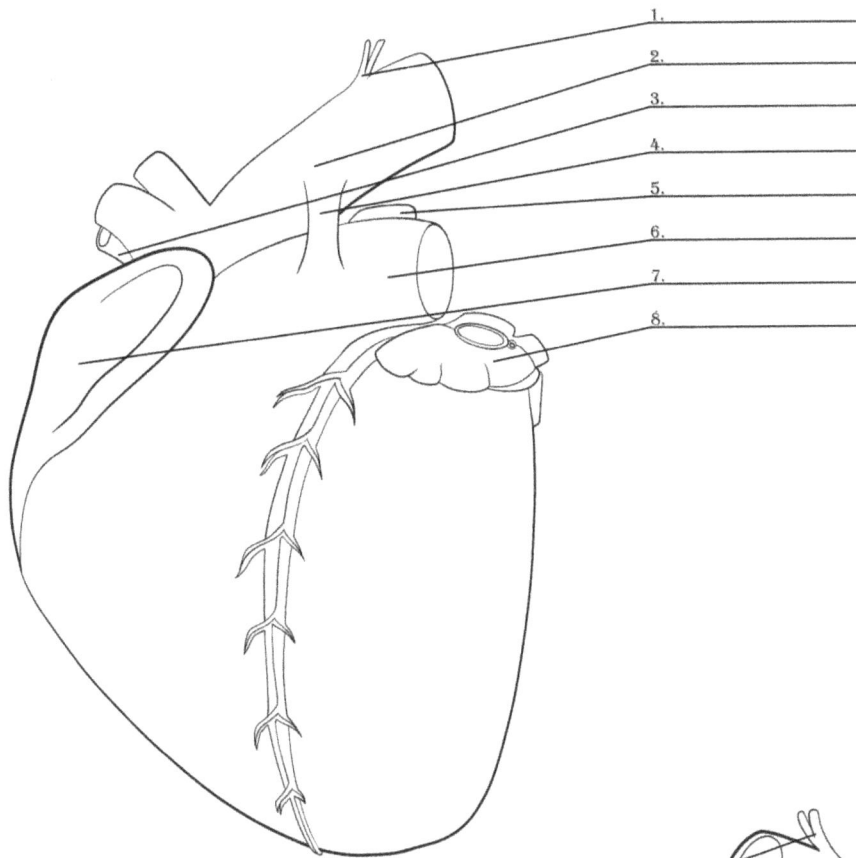

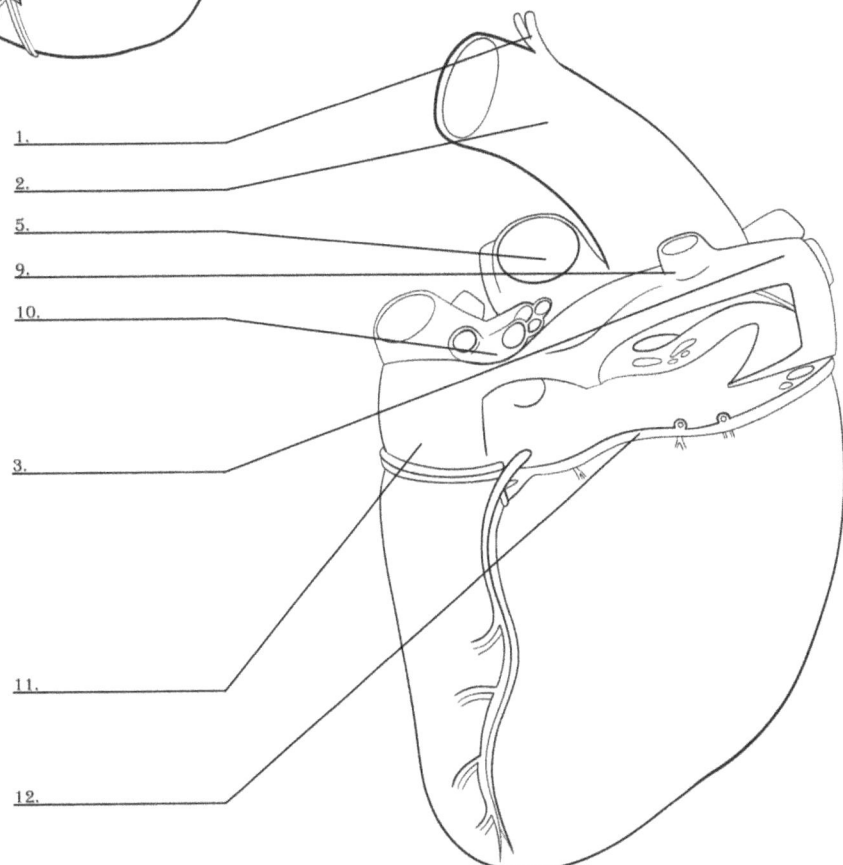

1.

2.

3.

4.

5.

6.

7.

8.

1.

2.

5.

9.

10.

3.

11.

12.

SECCIÓN 29: EL CORAZON DEL CABALLO

1. VASOS INTERCOSTALES
2. AORTA
3. VENA CAVA CRANEAL
4. LIGAMENTO ARTERIOSO
5. ARTERIA PULMONAR DERECHA
6. ARTERIA PULMONAR IZQUIERDA
7. AURÍCULA DERECHA
8. AURÍCULA IZQUIERDA
9. VENA ÁCIGOS DERECHA
10. VENAS PULMONARES
11. VENA CAVA CAUDAL
12. SURCO CORONARIO

SECCIÓN 30:LOS PULMONES DEL CABALLO

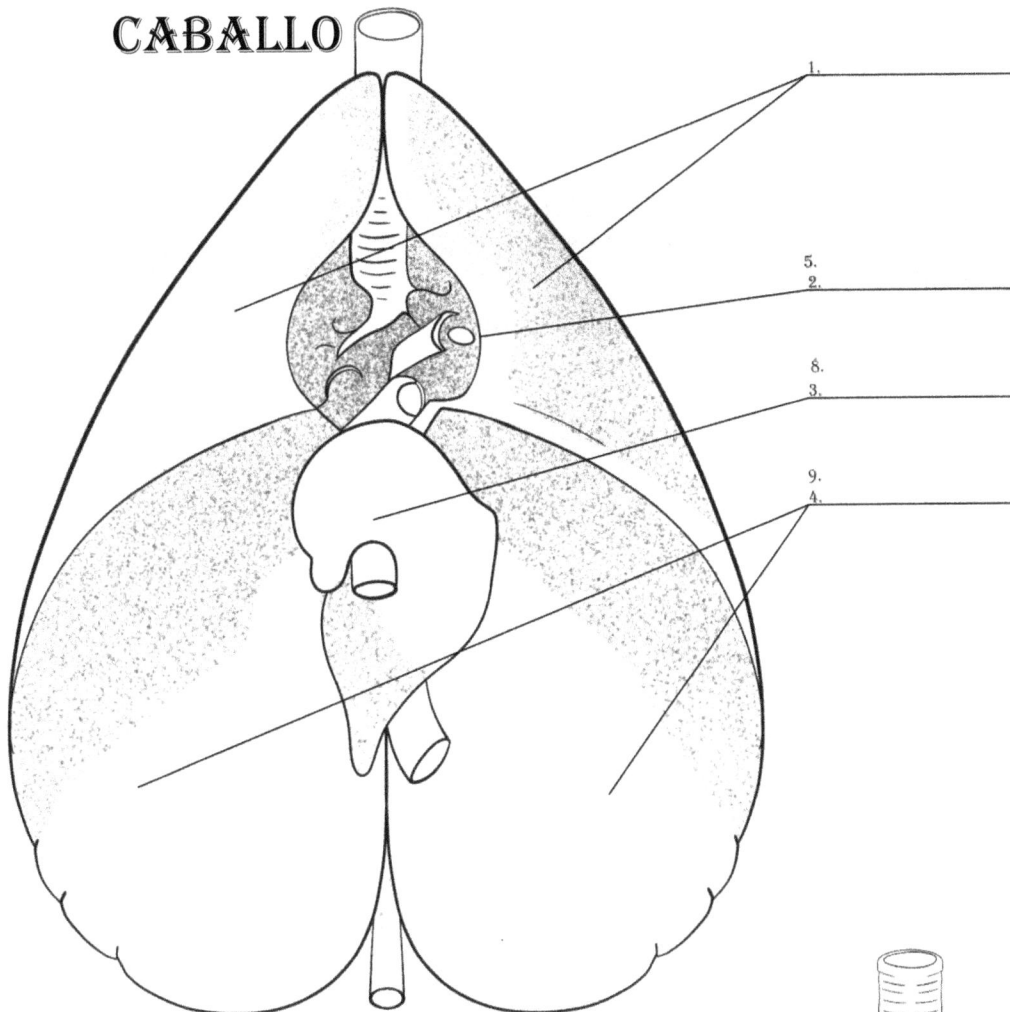

1.

5.
2.

8.
3.

9.
4.

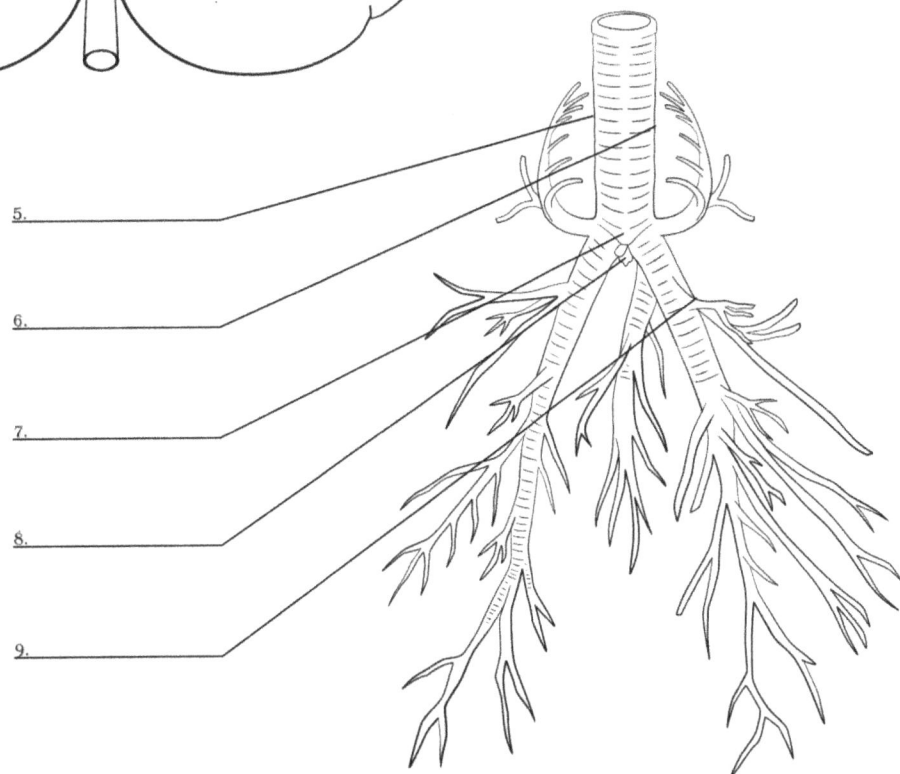

5.

6.

7.

8.

9.

SECCIÓN 30:LOS PULMONES DEL CABALLO

1. LÓBULO CRANEAL
2. NOTA CARDIACA
3. LÓBULO ACCESORIO
4. LÓBULOS CAUDALES
5. GANGLIOS LINFÁTICOS TRAQUEOBRONQUIALES IZQUIERDOS
6. GANGLIOS LINFÁTICOS TRAQUEOBRONQUIALES DERECHOS
7. BIFURCACIÓN TRAQUEAL
8. GANGLIOS LINFÁTICOS TRAQUEOBRONQUIALES MEDIOS
9. GANGLIOS LINFÁTICOS PULMONARES

SECCIÓN 31: LA MÉDULA ESPINAL DEL CABALLO

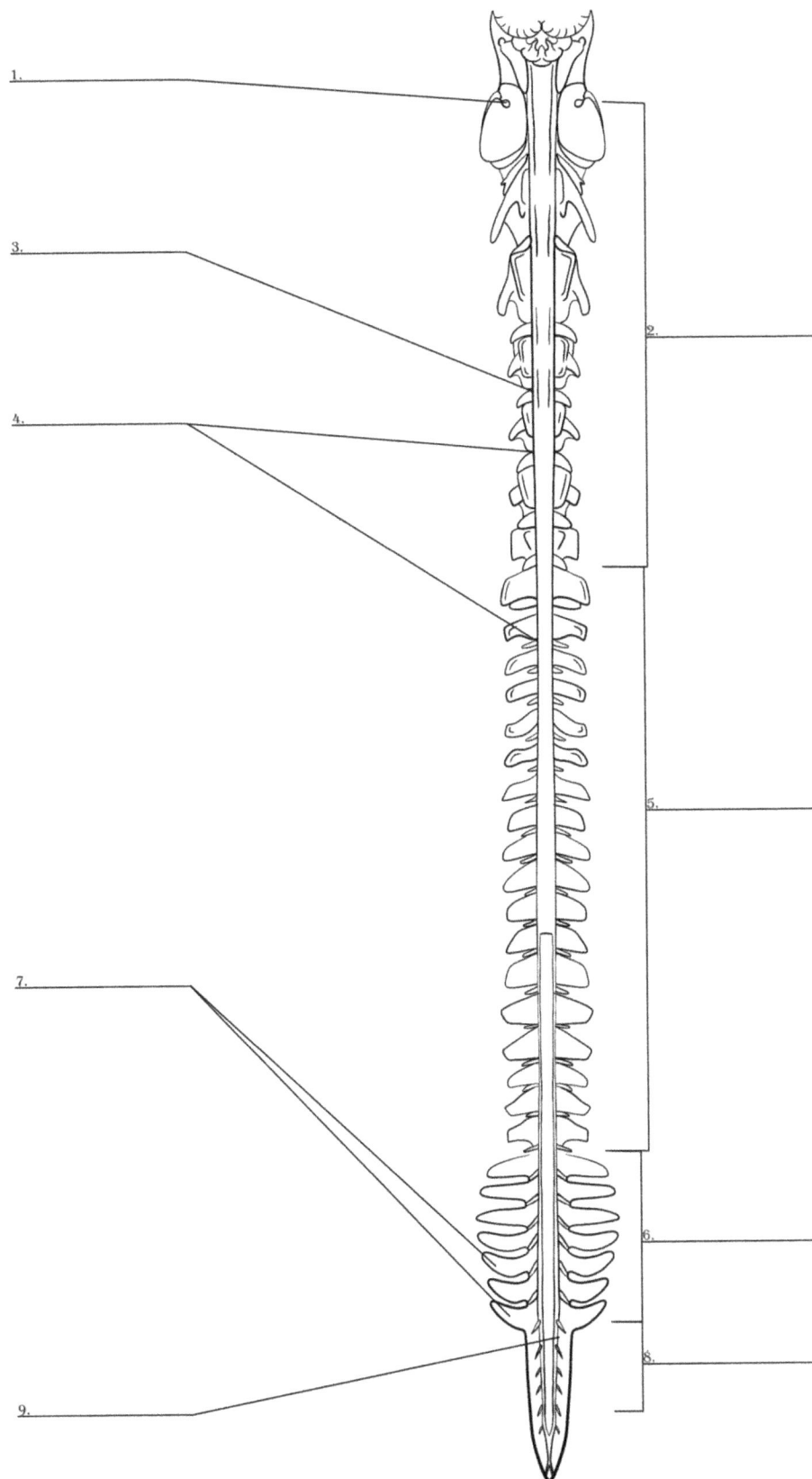

1.

3.

4.

7.

9.

2.

5.

6.

8.

SECCIÓN 31: LA MÉDULA ESPINAL DEL CABALLO

1. FORAMEN VERTEBRAL LATERAL
2. PARTE CERVICAL
3. FORAMEN INTERVERTEBRAL
4. ENGROSAMIENTO CERVICAL
5. PARTE TORÁCICA
6. PARTE LUMBAR
7. ENGROSAMIENTO LUMBAR
8. PARTE SACRA
9. FORAMEN LUMBOSACRO

SECCIÓN 32:ESQUELETO DEL PERRO ASPECTO LATERAL

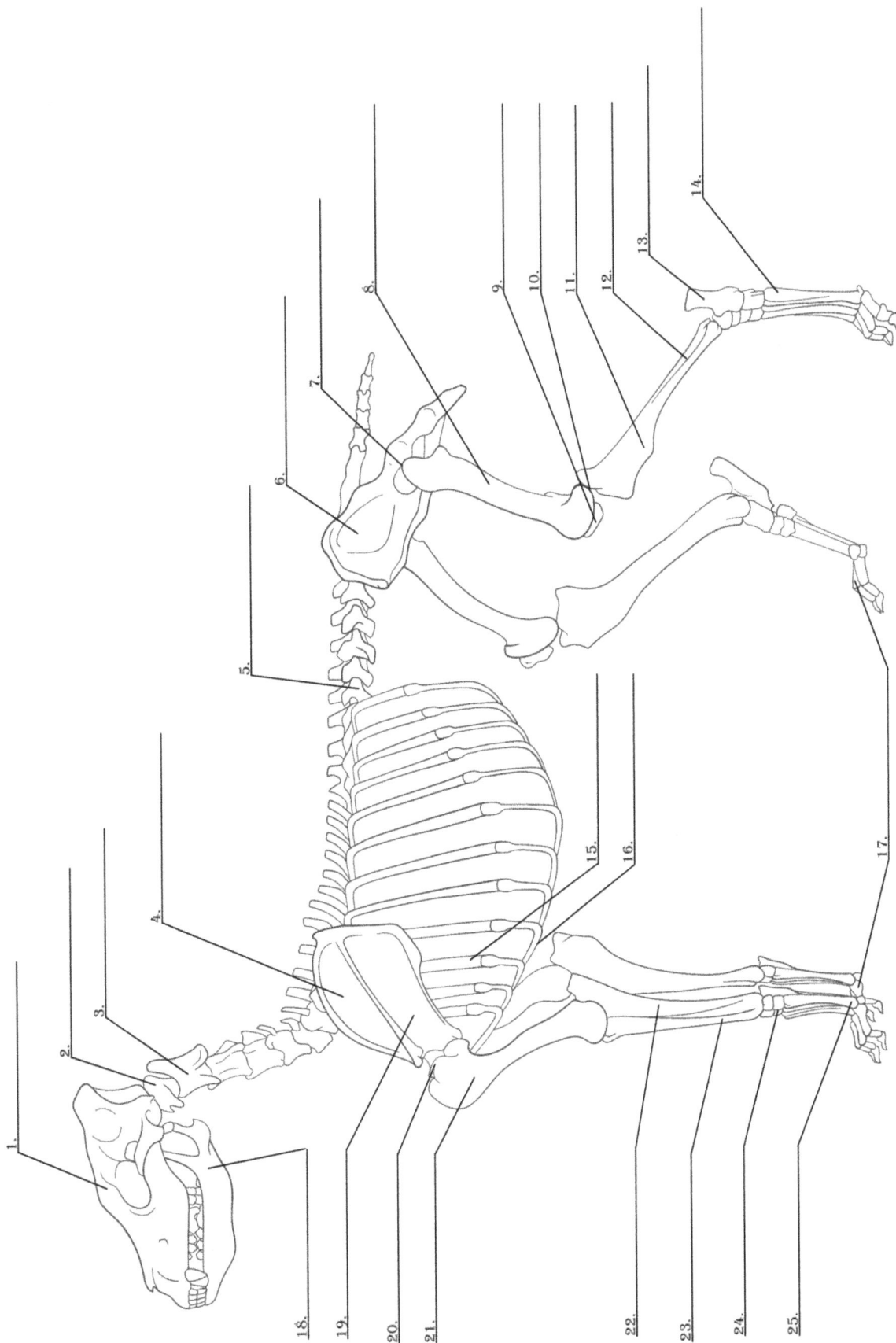

SECCIÓN 32:ESQUELETO DEL PERRO ASPECTO LATERAL

1.CRÁNEO

2.ATLAS

3.AXIS

4.SCAPULA

5.SACRUM

6.PELVIS

7.ARTICULACIÓN DE CADERA

8.FEMUR

9.PATELLA

7.ARTICULACIÓN DE LA RODILLA

11.TIBIA

12.FIBULA

7.CORVEJÓN

14.HUESOS METATARSIANOS

15.RIB

16.STERNUM

17.FALANGES (HUESOS DE LOS DEDOS DEL PIE)

18.MANDIBLE

19.SCAPULA

7.ARTICULACIÓN DEL HOMBRO

21.HUMERUS

22.ULNA

23.RADIUS

24.ARTICULACIÓN DEL CARPO

14.HUESOS METACARPIANOS

SECCIÓN 33:ESQUELETO DEL PERRO ASPECTO CRANEAL Y CAUDAL

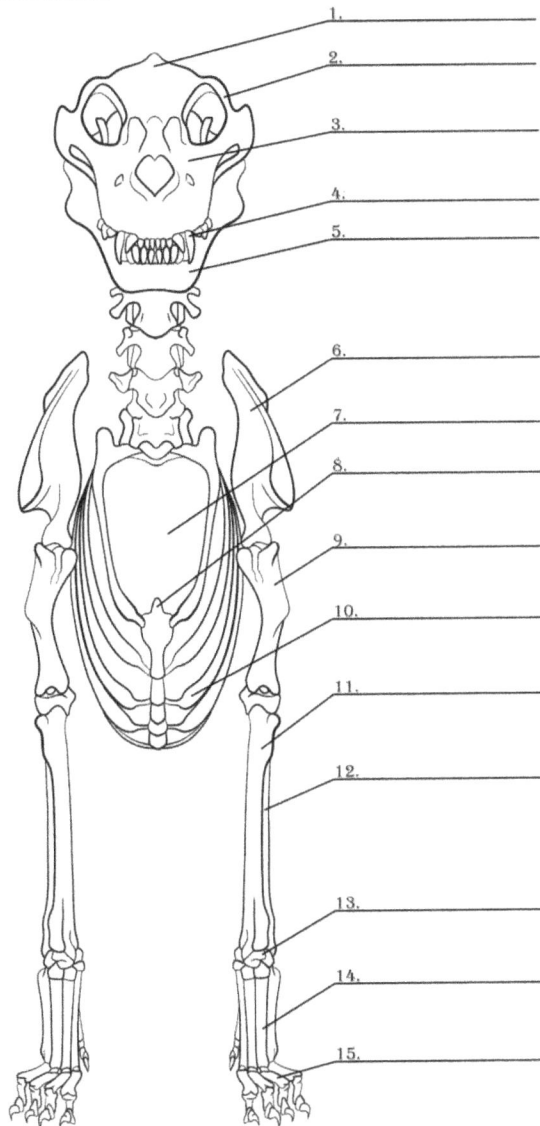

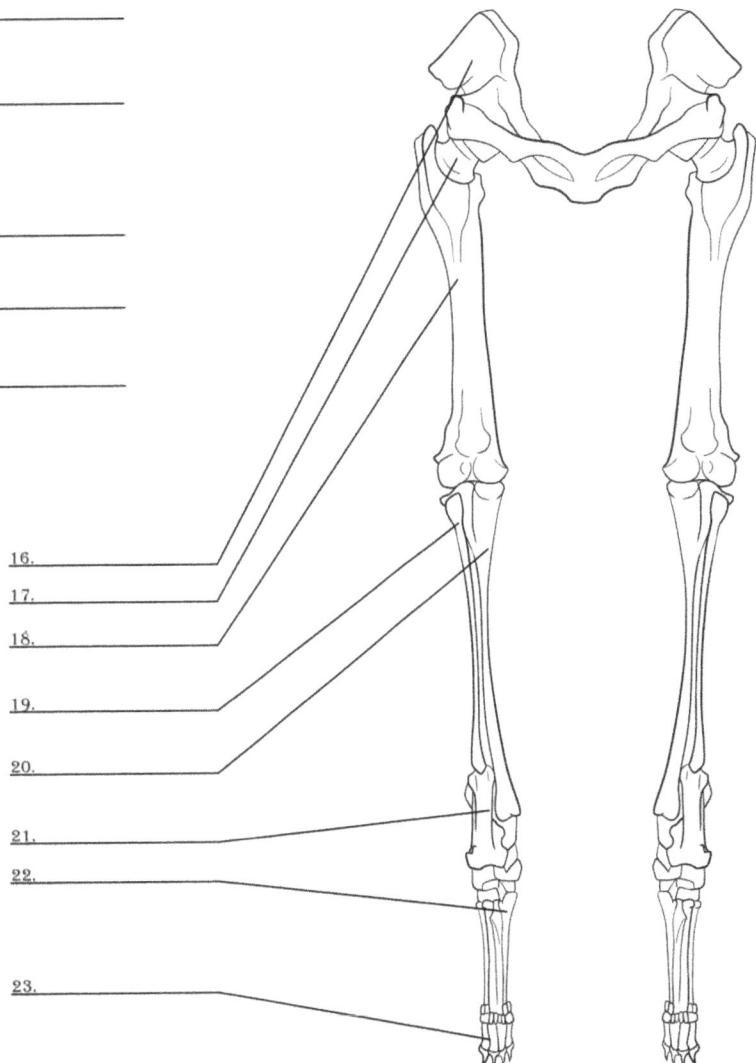

1.

2.

3.

4.

5.

6.

7.

8.

9.

10.

11.

12.

13.

14.

15.

16.

17.

18.

19.

20.

21.

22.

23.

SECCIÓN 33:ESQUELETO DEL PERRO ASPECTO CRANEAL Y CAUDAL

1. OCCIPUCIO

2. CRÁNEO

3. MAXILAR

4. DIENTES

5. MANDÍBULA

6. ESCÁPULA

7. CAVIDAD MAMARIA

8. ESTERNÓN

9. HÚMERO

10. COSTILLA

11. RADIO

12. CÚBITO

13. CARPO

14. METACARPO

15. FALANGES

16. PELVIS

17. ARTICULACIÓN DE CADERA

18. FÉMUR

19. PERONÉ

20. TIBIA

21. CORVEJÓN

22. HUESO METATARSIANO

23. FALANGES

SECCIÓN 34:ESQUELETO DEL PERRO ASPECTO DORSAL

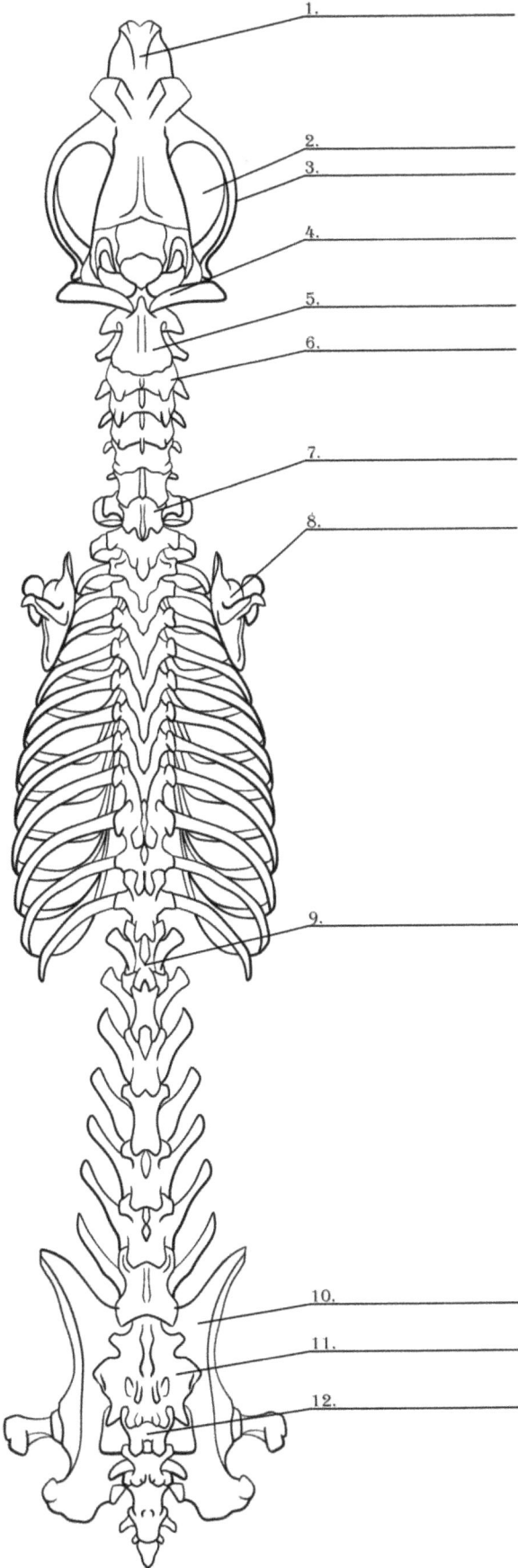

1. _____

2. _____

3. _____

4. _____

5. _____

6. _____

7. _____

8. _____

9. _____

10. _____

11. _____

12. _____

SECCIÓN 34:ESQUELETO DEL PERRO ASPECTO DORSAL

1. HUESO NASAL
2. ORBITA
3. ARCO CIGOMÁTICO
4. ATLAS
5. EJE
6. VÉRTEBRAS CERVICALES
7. VÉRTEBRAS TORÁCICAS
8. ESCÁPULA
9. VÉRTEBRAS LUMBARES
10. PELVIS
11. SACRO
12. VÉRTEBRAS CAUDALES

SECCIÓN 35:LOS MÚSCULOS DEL PERRO CARA LATERAL

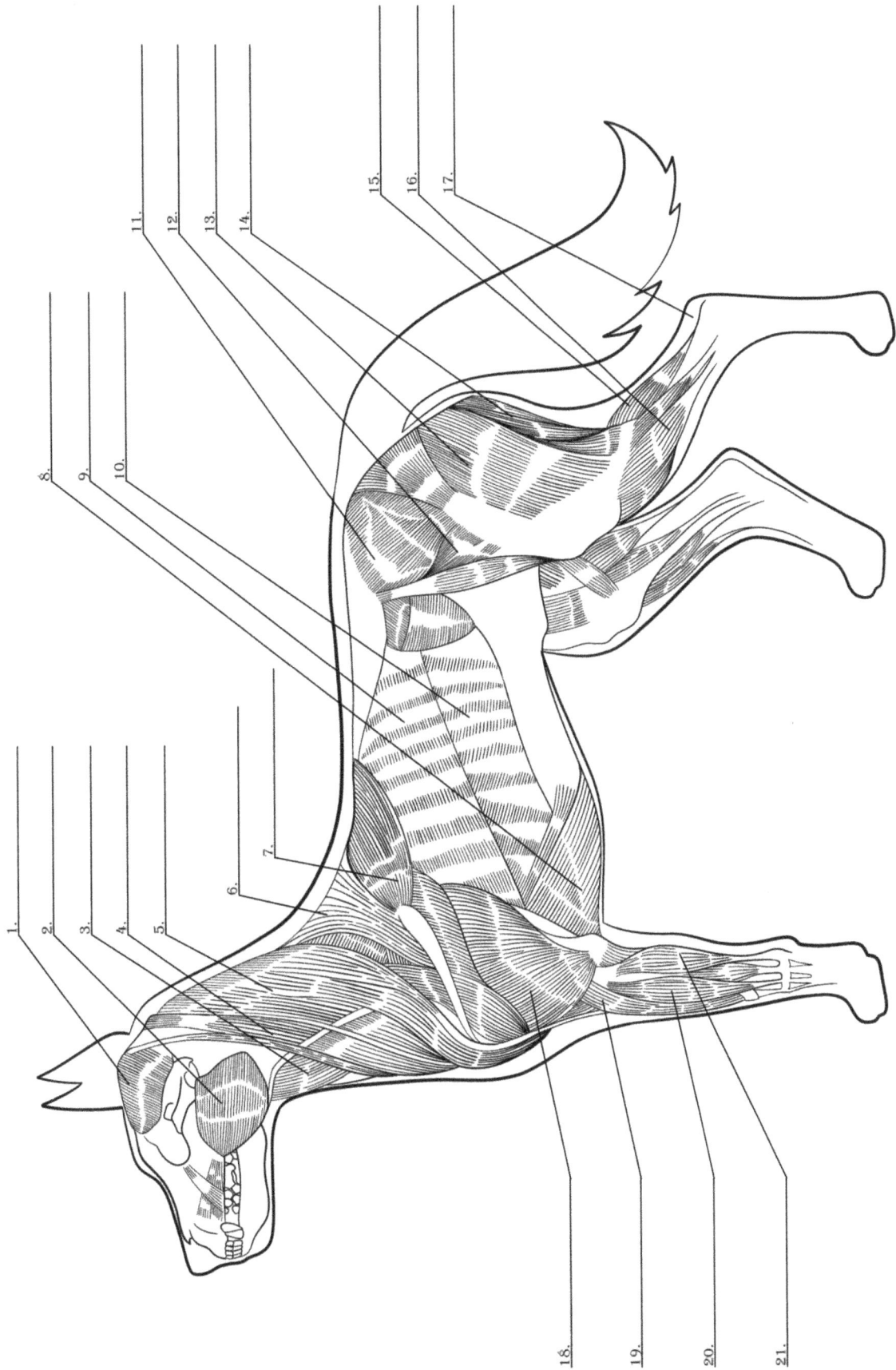

SECCIÓN 35:LOS MÚSCULOS DEL PERRO CARA LATERAL

1. MÚSCULO TEMPORAL

2. MÚSCULO MASETERO

3. MÚSCULO ESTERNOHIOIDEO

4. MÚSCULO ESTERNOCEFÁLICO

5. MÚSCULO BRAQUIOCEFÁLICO

6. MÚSCULO TRAPECIO

7. MUSCULO DELTOIDE

8. MÚSCULO PECTORAL PROFUNDO

9. MÚSCULO LATISSIMUS DORSI

10. MÚSCULO OBLICUO ABDOMINAL EXTERNO

11. MÚSCULO GLÚTEO

12. MÚSCULO TENSOR DE LA FASCIA LATA

13. MÚSCULO BÍCEPS FEMORAL

14. MÚSCULO SEMITENDINOSO

15. MÚSCULO GASTROCNEMIO

16. MÚSCULO TIBIAL CRANEAL

17. TENDÓN DE AQUILES

18. MÚSCULO TRÍCEPS BRAQUIAL

19. MÚSCULO EXTENSOR RADIAL DEL CARPO

20. MÚSCULO EXTENSOR CUBITAL DEL CARPO

21. MÚSCULO EXTENSOR CUBITAL DEL CARPO

SECCIÓN 36:ESQUELETO DEL PERRO ASPECTO CRANEAL Y CAUDAL

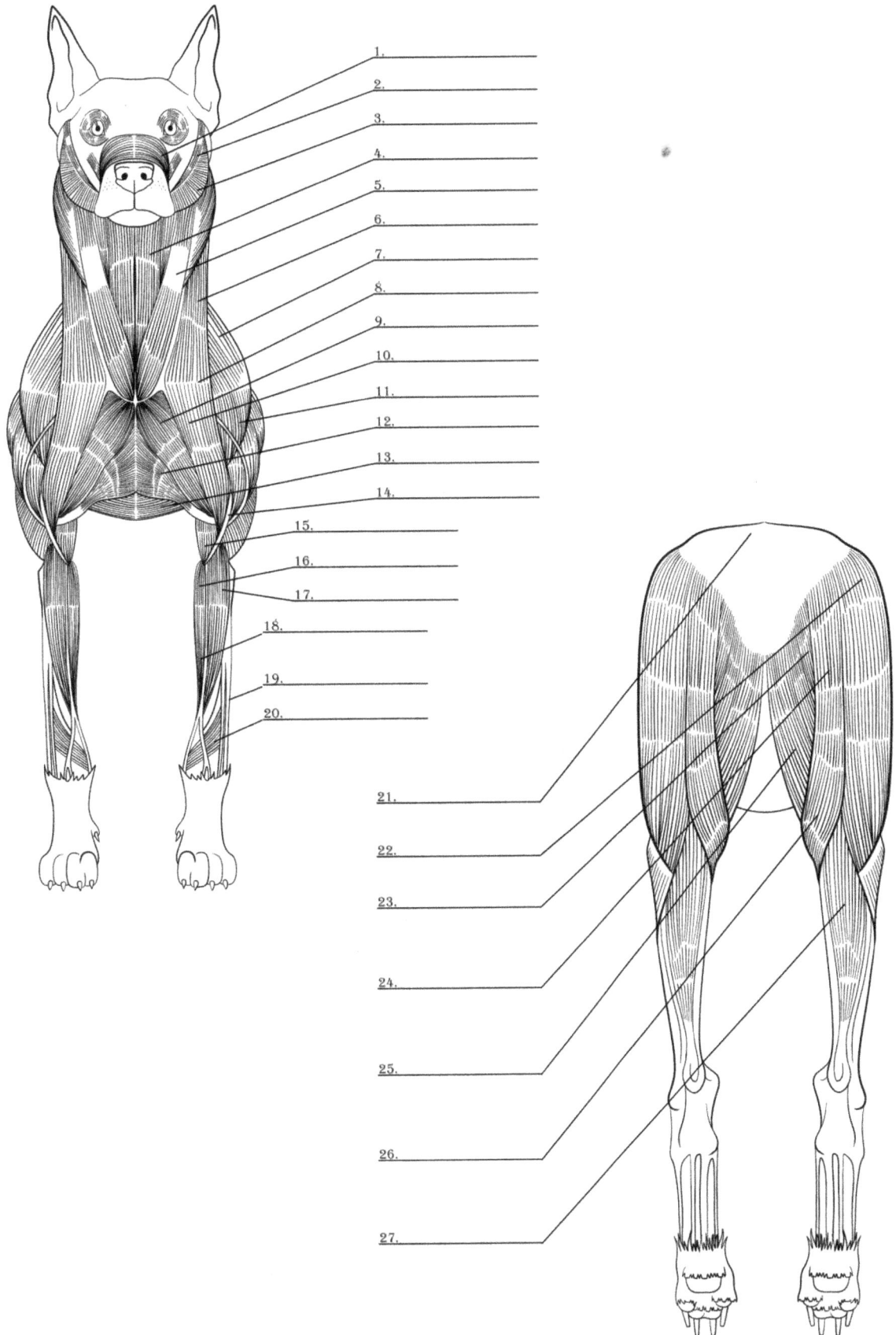

1. _____

2. _____

3. _____

4. _____

5. _____

6. _____

7. _____

8. _____

9. _____

10. _____

11. _____

12. _____

13. _____

14. _____

15. _____

16. _____

17. _____

18. _____

19. _____

20. _____

21. _____

22. _____

23. _____

24. _____

25. _____

26. _____

27. _____

SECCIÓN 36:ESQUELETO DEL PERRO ASPECTO CRANEAL Y CAUDAL

1. 1. MÚSCULO ELEVADOR NASOLABIAL
2. MÚSCULO CIGOMÁTICO
3. MÚSCULO MASETERO
4. MÚSCULO ESTERNOHIOIDEO
5. MÚSCULO ESTERNOCEFÁLICO
6. MÚSCULO CLEIDOCEFÁLICO
7. MÚSCULO OMOTRANSVERSARIO
8. INTERSECCIÓN CLAVICULAR
9. PECTORALIS DESCENDENS MÚSCULO
10. MÚSCULO CLEIDOBRAQUIAL
11. MUSCULO DELTOIDE
12. MÚSCULO PECTORAL SUPERFICIAL
13. MÚSCULO OBLICUO ABDOMINAL EXTERNO
14. MÚSCULO BRAQUIAL
15. MÚSCULO BÍCEPS BRAQUIAL
16. MÚSCULO PRONADOR REDONDO
17. MÚSCULO EXTENSOR RADIAL DEL CARPO
18. MÚSCULO FLEXOR RADIAL DEL CARPO
19. MÚSCULO EXTENSOR DE LOS DEDOS DEL COMÚN
20. MÚSCULO ABDUCTOR DE LOS DEDOS

SECCIÓN 37:LOS MÚSCULOS DEL PERRO CARA LATERAL

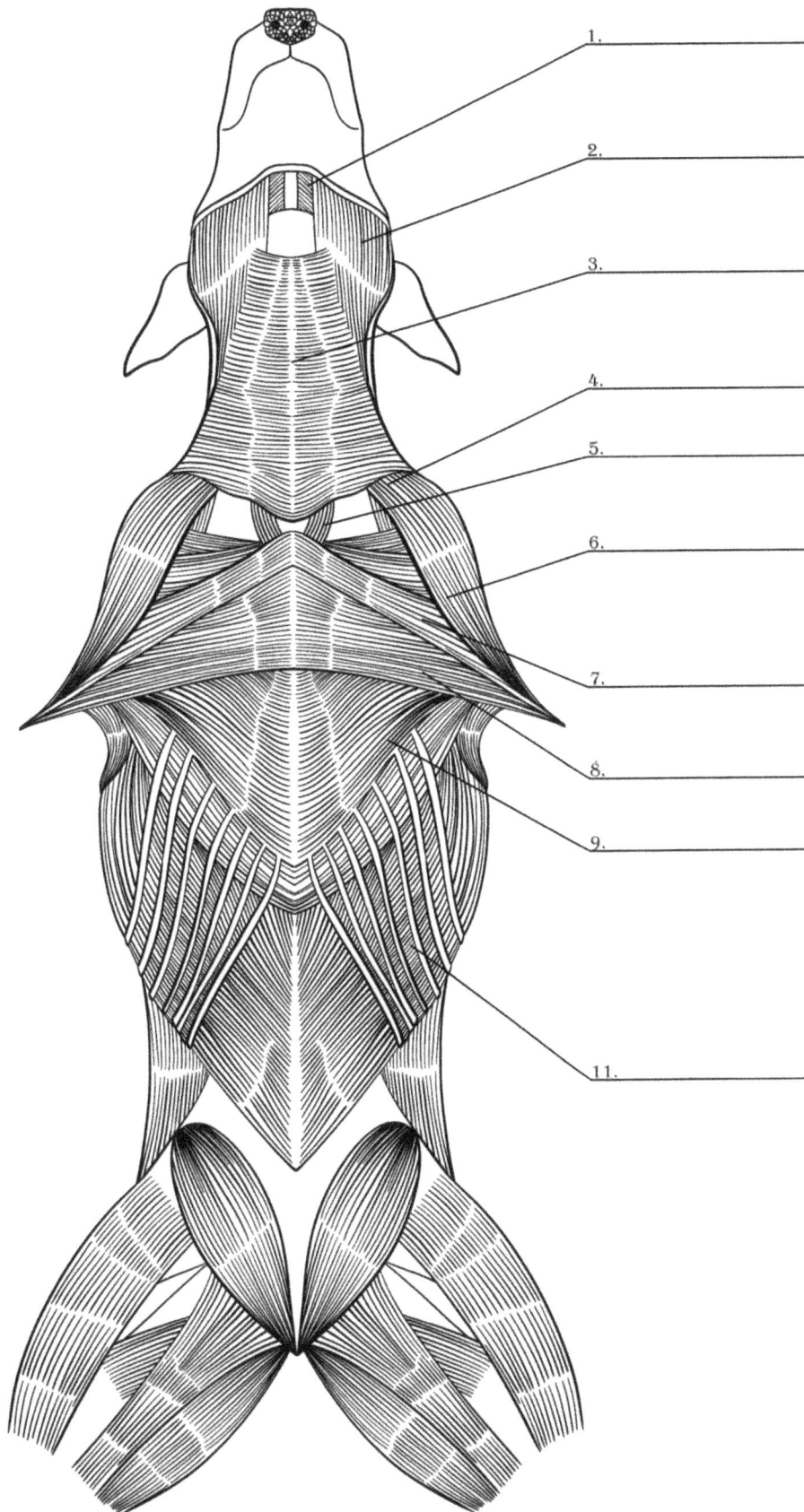

1.

2.

3.

4.

5.

6.

7.

8.

9.

11.

SECCIÓN 37:LOS MÚSCULOS DEL PERRO CARA LATERAL

1. Musculus Mylohyoideus

2. Músculo esfínter colli profundo

3. Músculo platisma

4. Músculo esfínter colli superficial

5. Músculo cleidocefálico

6. músculo esternocefálico

7. Músculo cleidobraquial

8. Pectoralis descendens músculo

9. músculo pectoral transverso

10. Músculo pectoral ascendente superficialis profundo

11. Músculo cutaneus trunci

SECCIÓN 38:MÚSCULOS DE LA CARA DORSAL DEL PERRO

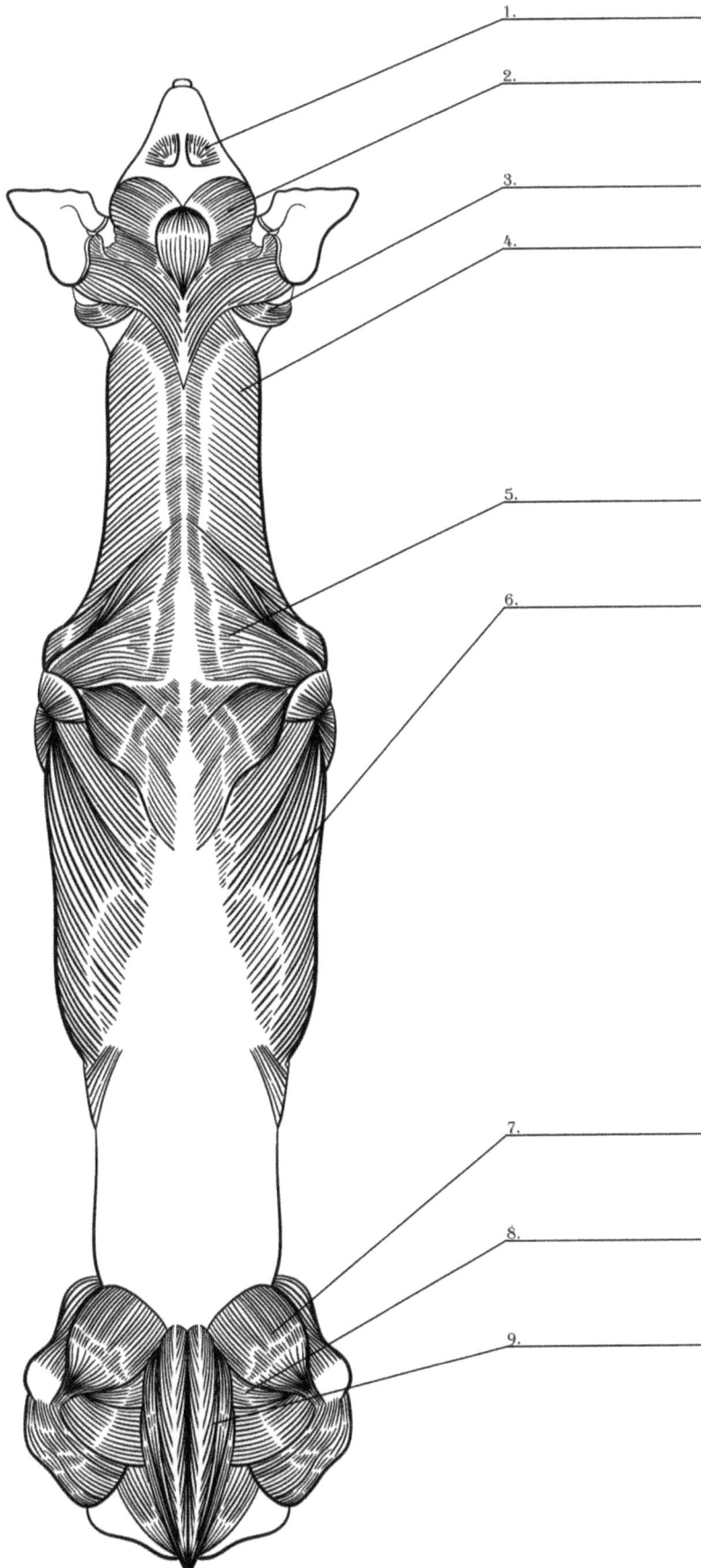

1. _____

2. _____

3. _____

4. _____

5. _____

6. _____

7. _____

8. _____

9. _____

SECCIÓN 38:MÚSCULOS DE LA CARA DORSAL DEL PERRO

1. Músculo elevador nasolabial
2. Músculo pars palpebralis
3. músculo esternocefálico
4. Músculo cleidobraquial
5. músculo trapecio
6. Músculo latissimus dorsi
7. músculo glúteo medio
8. Músculo glúteo mayor
9. Músculo coccígeo

SECCIÓN 39:ÓRGANOS INTERNOS DEL PERRO

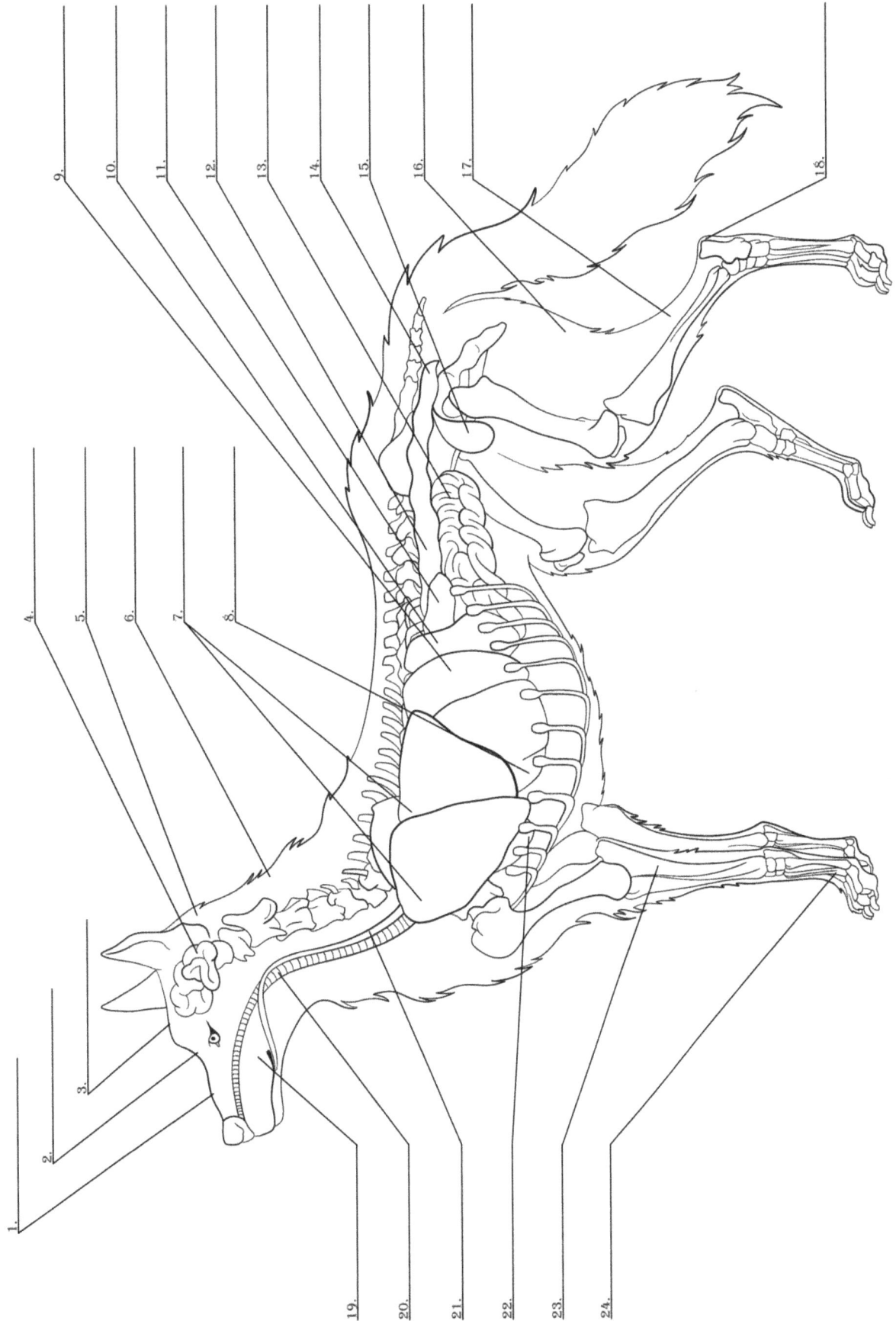

SECCIÓN 39:ÓRGANOS INTERNOS DEL PERRO

1. PUENTE DE LA NARIZ

2. STOP

3. CRÁNEO SUPERIOR

4. CEREBRO

5. NUCA

6. CUELLO

7. LIVIANOS

8. HÍGADO

9. ESTÓMAGO

10. BAZO

11. RIÑÓN

12. COLON

13. INTESTINO DELGADO

14. RECTO

15. VEJIGA

16. PARTE SUPERIOR DEL MUSLO

17. MUSLO INFERIOR

18. PUNTA DEL CORVEJÓN

19. BOZAL

20. LARINGE

21. ESÓFAGO

22. CORAZÓN

23. ANTEBRAZO

24. CUARTILLA

SECCIÓN 40:VASOS SANGUÍNEOS DEL CABALLO

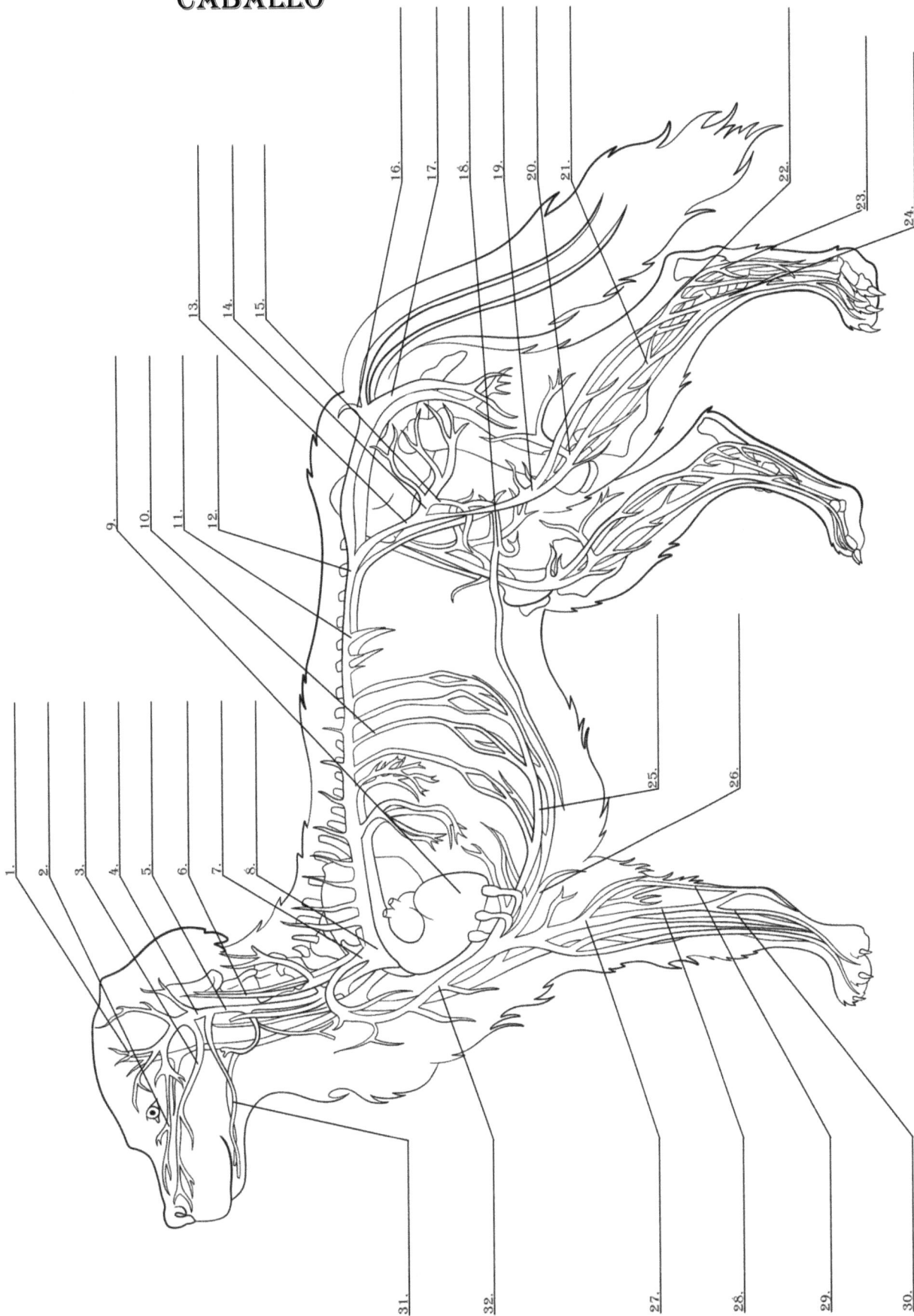

1.

2.

3.

4.

5.

6.

7.

8.

9.

10.

11.

12.

13.

14.

15.

16.

17.

18.

19.

20.

21.

22.

23.

24.

25.

26.

27.

28.

29.

30.

31.

32.

SECCIÓN 40:VASOS SANGUÍNEOS DEL CABALLO

1. ARTERIA TEMPORAL SUPERFICIAL

2. ARTERIA INFRAORBITARIA

3. ARTERIA FACIAL

4. ARTERIA CARÓTIDA INTERNA

5. ARTERIA CARÓTIDA COMÚN

6. ARTERIA VERTEBRAL

7. ARTERIA SUBCLAVIA IZQUIERDA

8. AORTA

9. CORAZÓN

10. ARTERIAS INTERCOSTALES

11. ARTERIA RENAL

12. AORTA ABDOMINAL

13. ARTERIA ILIACA EXTERNA IZQUIERDA

14. ARTERIA FEMORAL PROFUNDA

15. TRONCO PUDENDOEPIGÁSTRICO

16. ARTERIA GLÚTEA CRANEAL

17. ARTERIA GLÚTEA CAUDILLA

18. ARTERIA PUDENDO EXTERNA

19. ARTERIA FEMORAL

20. ARTERIA FEMORAL CAUDAL DISTAL

21. ARTERIA TRIBAL CRANEAL

22. ARTERIA SAFENA

23. RAMA CAUDAL DE LA ARTERIA SAFENA

24. RAMA CRANEAL DE LA ARTERIA SAFENA

25. ARTERIA TORÁCICA INTERNA

26. ARTERIA CUBITAL COLATERAL

27. ARTERIA INTERÓSEA COMÚN

28. ARTERIA MEDIANA

29. ARTERIA CUBITAL

30. ARTERIA RADIAL

31. ARTERIA LINGUAL

32. ARTERIA BRAQUIAL

SECCIÓN 41: NERVIOS DEL PERRO

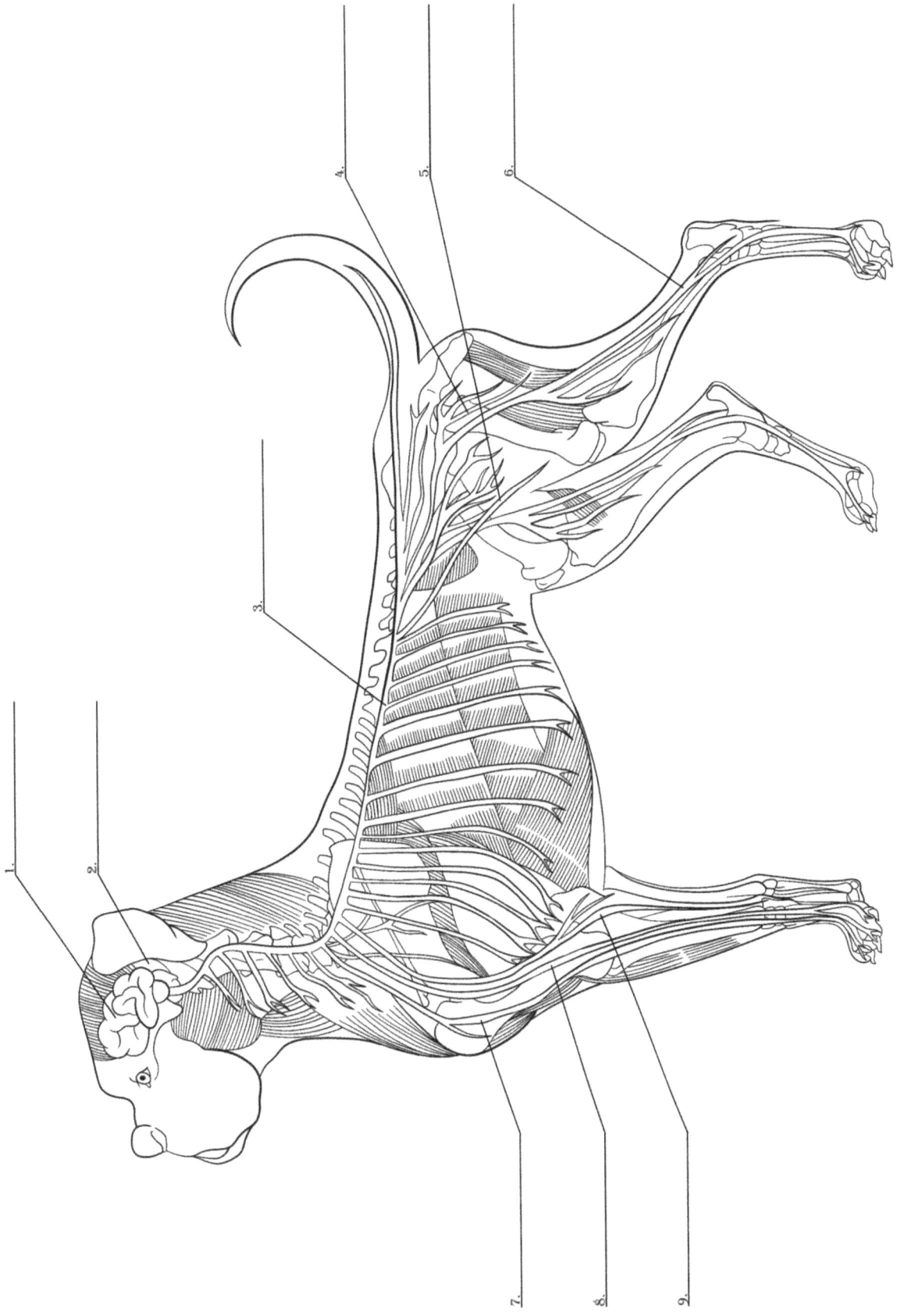

SECCIÓN 41: NERVIOS DEL PERRO

1. HEMISFERIO CEREBRAL
2. CEREBELO
3. MÉDULA ESPINAL
4. NERVIO CIÁTICO
5. NERVIO FEMORAL
6. NERVIO TIBIAL
7. NERVIO RADIAL
8. NERVIO MEDIAL
9. NERVIO CUBITAL

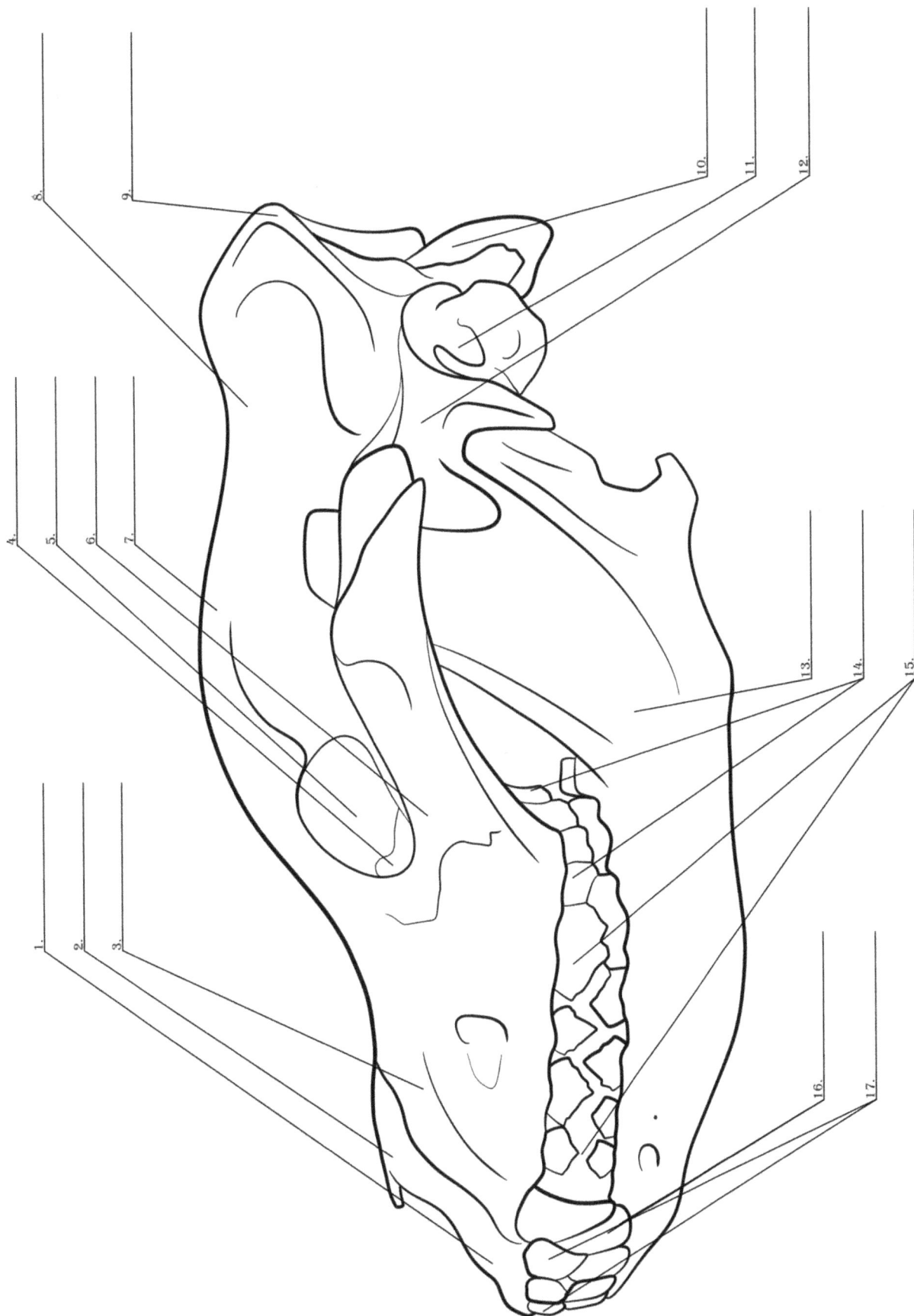

SECCIÓN 42:EL CRÁNEO DEL PERRO ASPECTO LATERAL

1. HUESO INCISIVO

2. HUESO NASAL

3. MAXILAR

4. HUESO LAGRIMAL

5. ORBITA

6. HUESO CIGOMÁTICO

7. HUESO FRONTAL

8. HUESO PARIETAL

9. HUESO OCCIPITAL

10. CÓNDILOS OCCIPITALES

11. MEATO AUDITIVO EXTERNO

12. HUESO TEMPORAL

13. MANDÍBULA

14. MOLARES

15. PREMOLARES

16. DIENTES CANINOS

17. DIENTES INCISIVOS

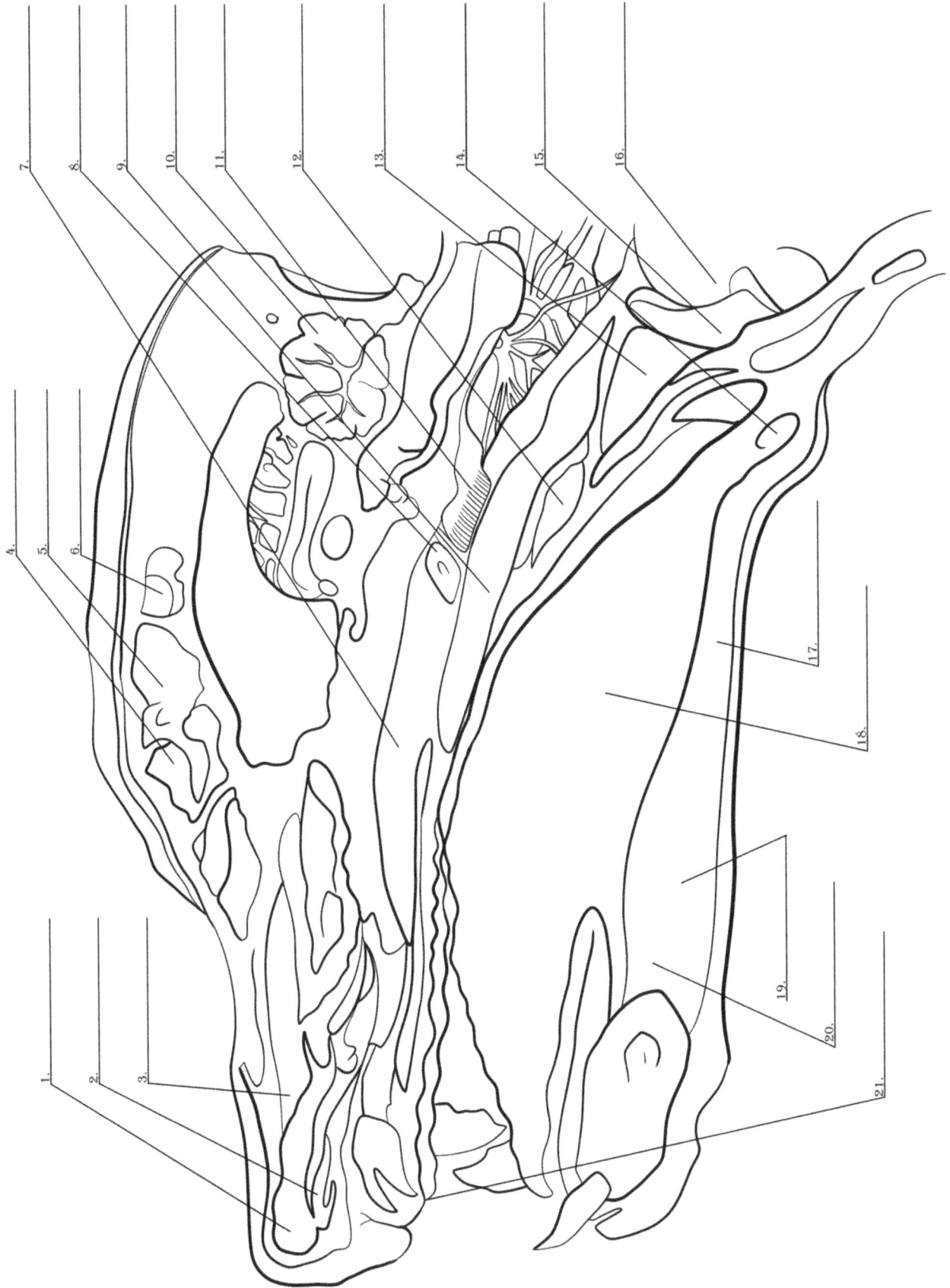

SECCIÓN 43:DENTRO DEL CRÁNEO DEL PERRO ASPECTO LATERAL

1. Vestíbulo nasal

2. Pliegue basal

3. Los rectos se doblan

4. Seno frontal rostral

5. Seno medial rostral

6. Seno lateral rostral

7. Pars nasalis

8. Ostio faríngeo del tubo auditivo

9. paladar blando

10. Cerebelo

11. Músculo elevador del velo palatino

12. amigdala palatina

13. Vestíbulo de laringe

14. Basihioideo

15. Pliegue vestibular

16. Glotis

17. Músculo milohioideo

18. Músculo lingualis proprius

19. Músculo geniohioideo

20. Músculo geniogloso

21. Vestíbulo de boca

SECCIÓN 44:EL CRÁNEO DEL PERRO ASPECTO DORSAL

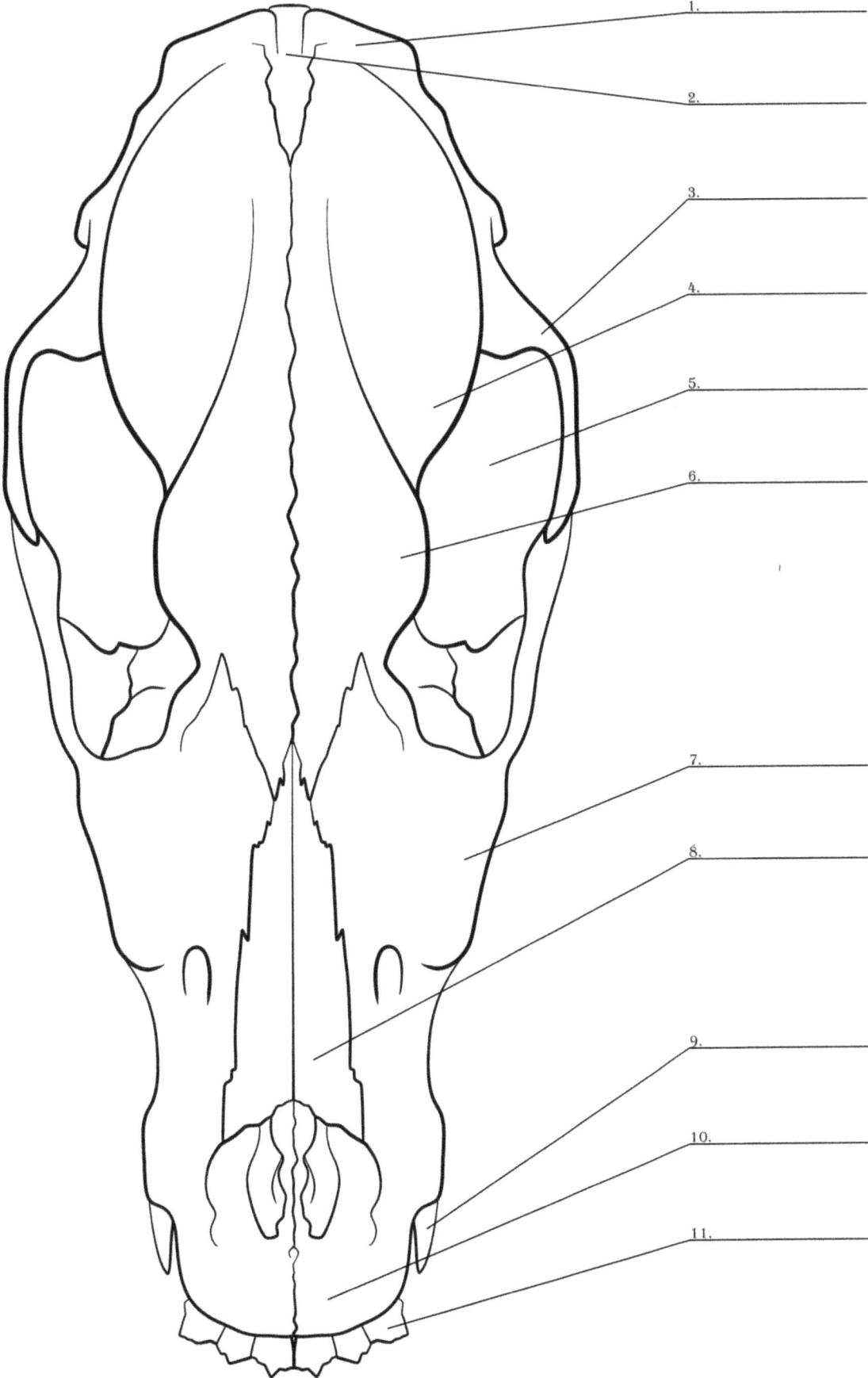

1. _____

2. _____

3. _____

4. _____

5. _____

6. _____

7. _____

8. _____

9. _____

10. _____

11. _____

SECCIÓN 44: EL CRÁNEO DEL PERRO ASPECTO DORSAL

1. CRESTA NUCAL
2. CRESTA ÓSEA MEDIANA
3. ARCO CIGOMÁTICO
4. FOSA TEMPORAL
5. ORBITA
6. PROCESO CIGOMÁTICO DEL HUESO FRONTAL.
7. CRESTA FACIAL
8. HUESO NASAL
9. DIENTES CANINOS
10. HUESO INCISIVO
11. DIENTES INCISIVOS

SECCIÓN 45: EL CRÁNEO DEL PERRO ASPECTO VENTRAL

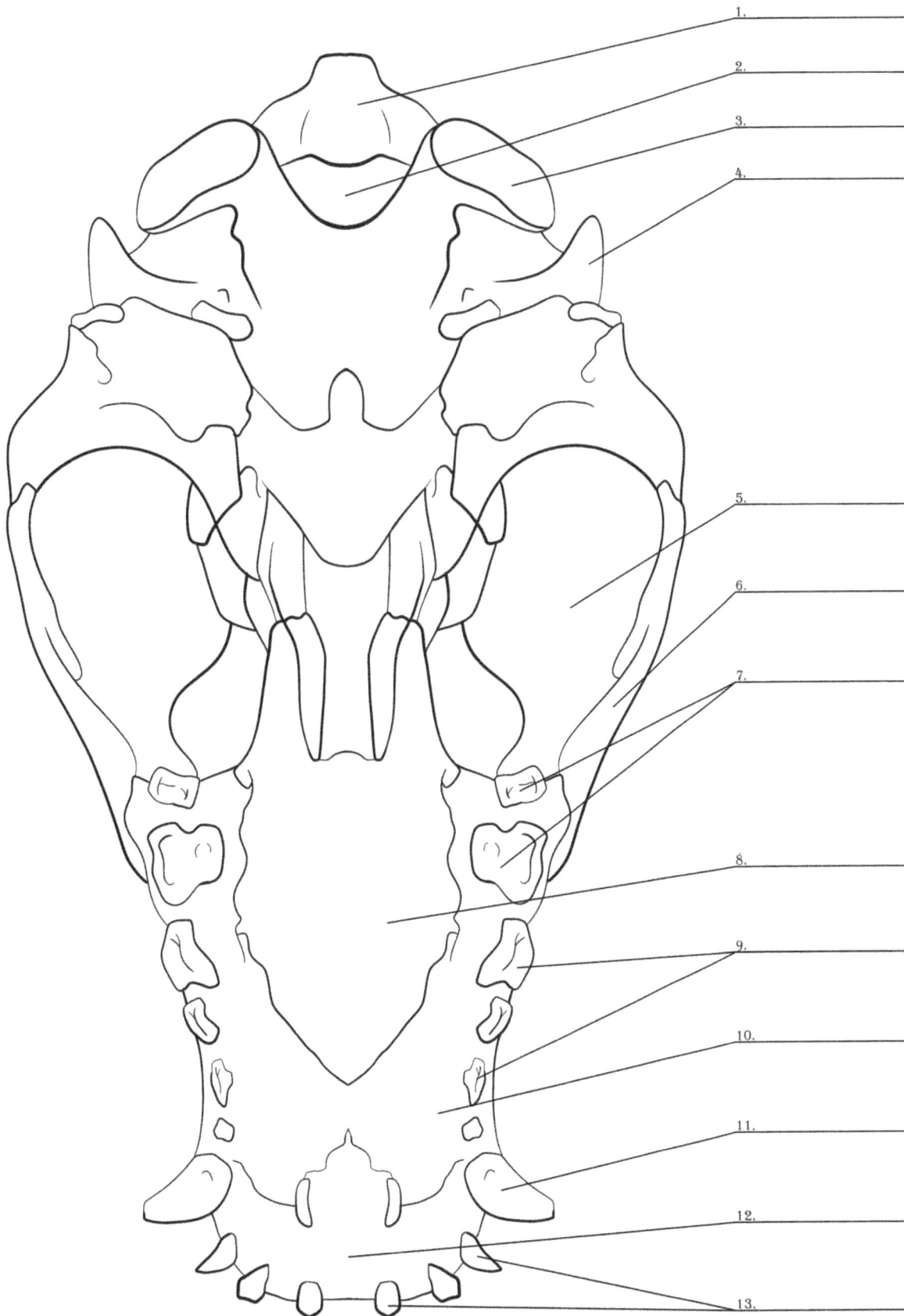

1.

2.

3.

4.

5.

6.

7.

8.

9.

10.

11.

12.

13.

SECCIÓN 45:EL CRÁNEO DEL PERRO ASPECTO VENTRAL

1. HUESO OCCIPITAL
2. FORAMEN MAGNO
3. CÓNDILOS OCCIPITALES
4. PROCESO YUGULAR
5. ORBITA
6. ARCO CIGOMÁTICO
7. MOLARES
8. HUESO PALATINO
9. PREMOLARES
10. MAXILAR
11. DIENTES CANINOS
12. HUESO INCISIVO
13. DIENTES INCISIVOS

SECCIÓN 46: LOS MÚSCULOS DE LA CABEZA CARA LATERAL

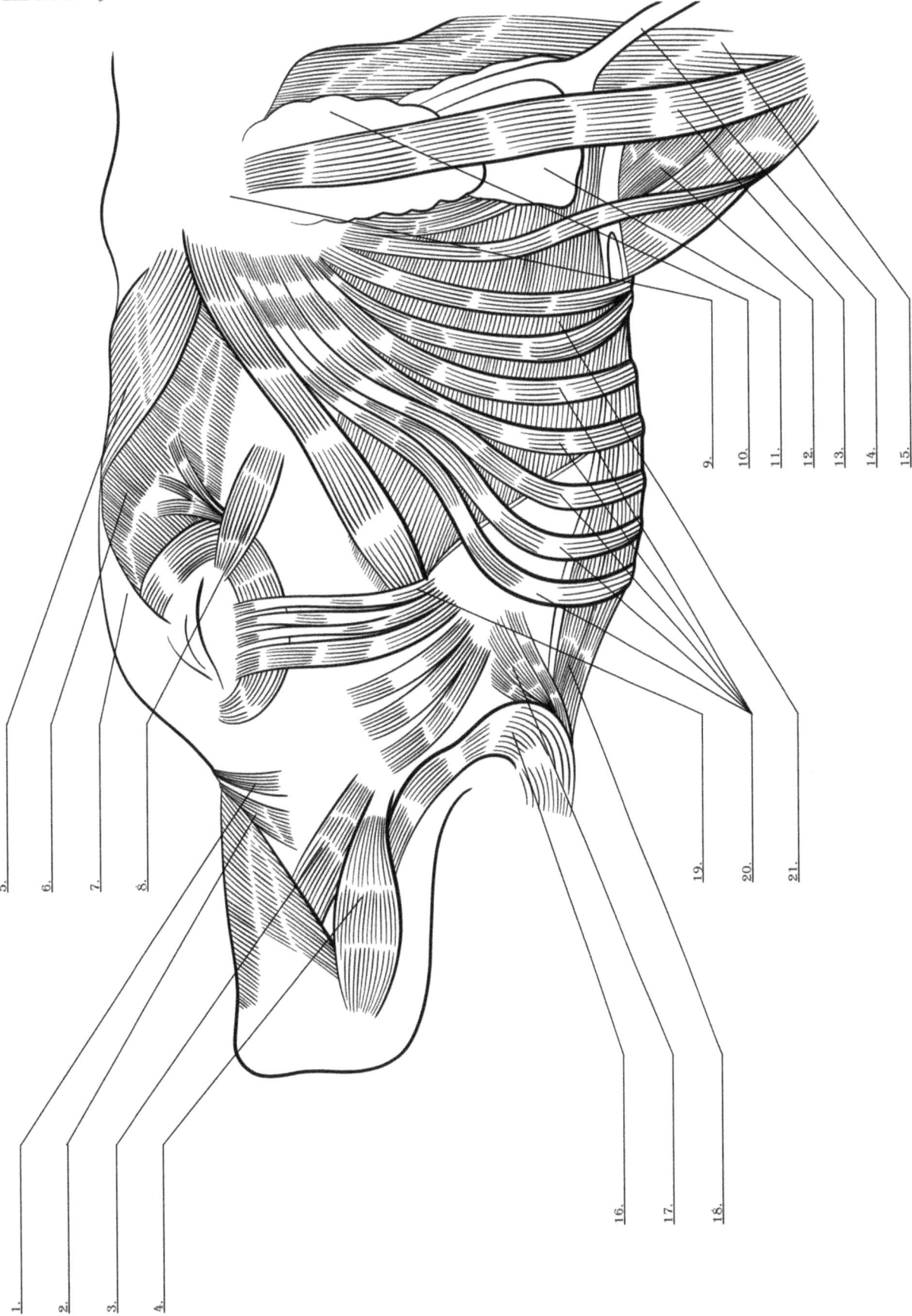

SECCIÓN 46: LOS MÚSCULOS DE LA CABEZA CARA LATERAL

1. Músculo lateral de la nariz
2. Músculo elevador nasolabial
3. Músculo elevador del labio maxilar
4. Músculo canino
5. Músculo frontoscutularis
6. Músculo temporal
7. Músculo elevador del ángulo del ojo interno
8. Músculo retractor anguli oculi lateralis
9. Cartílago escutiforme
10. Glándula parótida
11. Glándula mandibular
12. Músculo esternocleidohioideo
13. Músculo parotideo-auricularis
14. Vena y surco yugulares
15. músculo esternocefálico
16. Músculo orbicular de los labios
17. Músculo cigomático (elevador del ángulo labial)
18. Músculo depresor labii mandibularis
19. Músculo de la malaria
20. Músculos cutáneos cigomáticos
21. Músculo masetero

SECCIÓN 47:LOS MÚSCULOS DE LA CARA DORSAL DE LA CABEZA

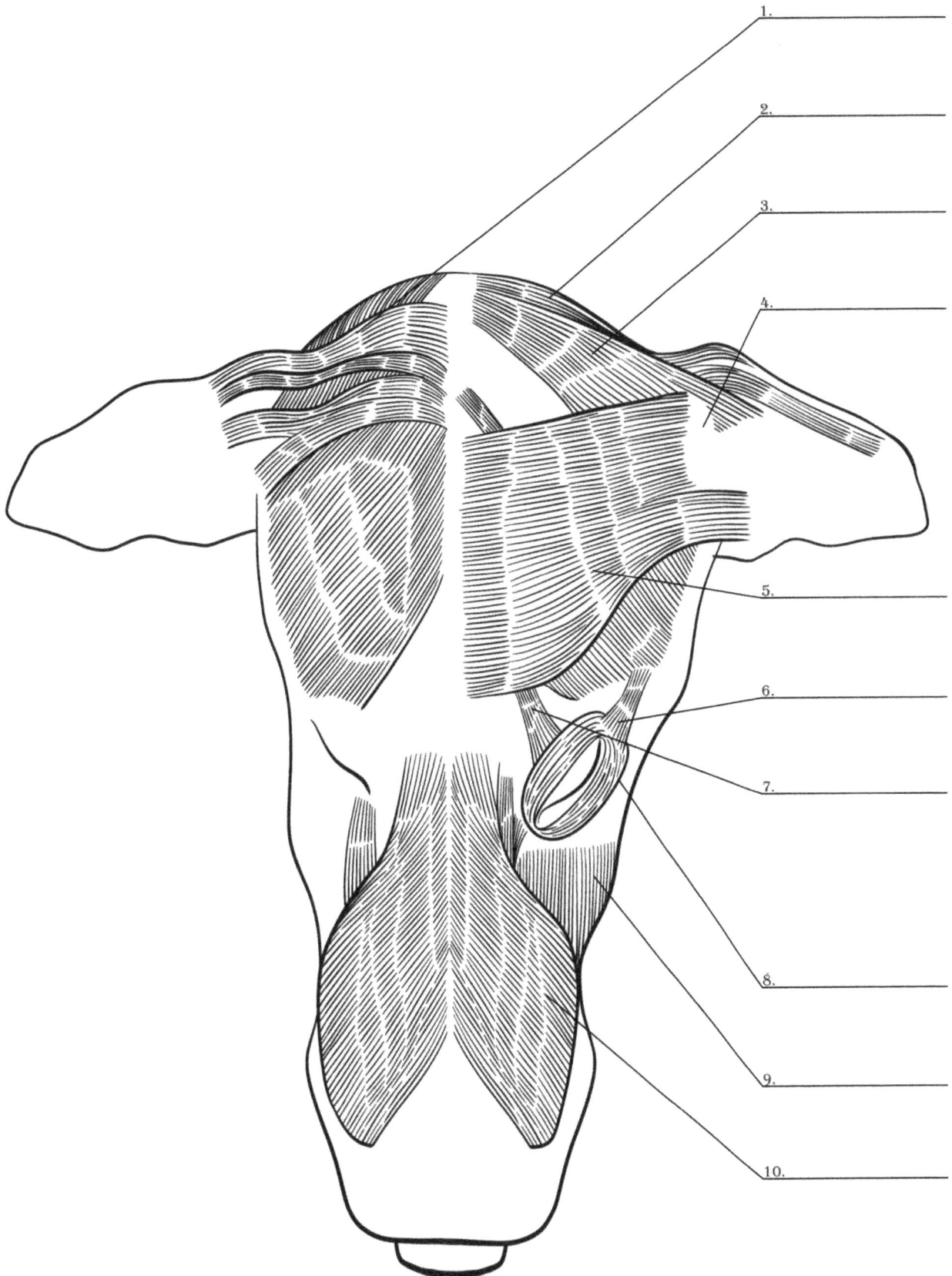

1. _____

2. _____

3. _____

4. _____

5. _____

6. _____

7. _____

8. _____

9. _____

10. _____

SECCIÓN 47:LOS MÚSCULOS DE LA CARA DORSAL DE LA CABEZA

1. Músculo cervicoauricularis superficialis
2. músculo cervicoauricularis profundo
3. Músculo parotideo-auricularis
4. Cartílago escutiforme
5. Músculo frontoauricularis y frontoscutularis
6. Músculo retractor anguli oculi lateralis
7. Músculo elevador del ángulo de los párpados
8. Músculo orbicular de los ojos
9. Músculo de la malaria
10. Músculo elevador nasolabial

SECCIÓN 48: EL CEREBRO DEL PERRO

DORSAL VIEW

1.

2.

3.

4.

5.

6.

7.

8.

9.

10.

11.

12.

13.

14.

15.

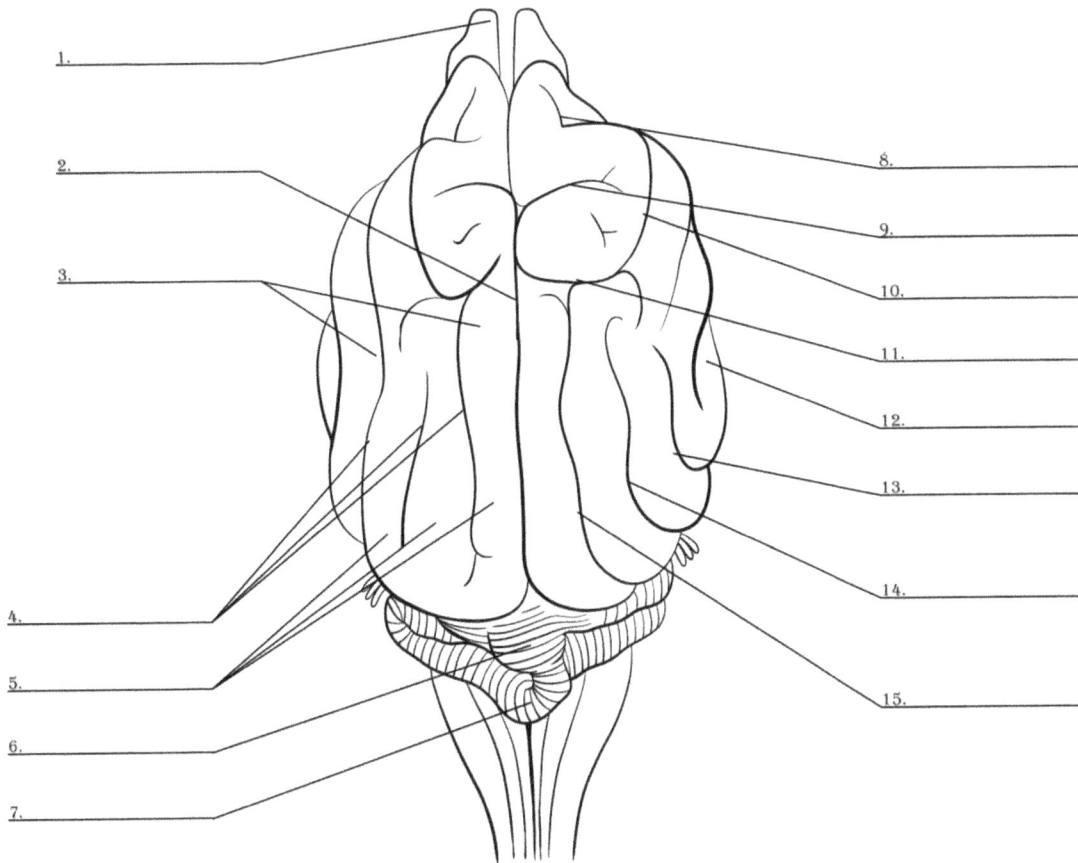

TRANSVERSE SECTION

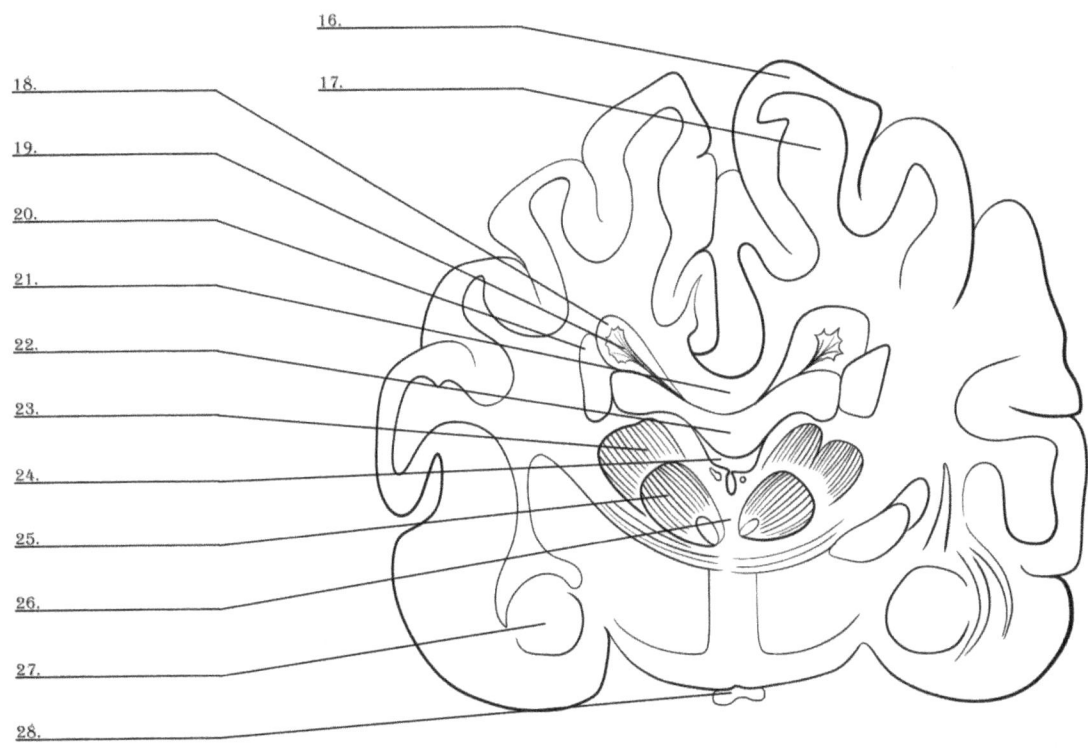

16.

17.

18.

19.

20.

21.

22.

23.

24.

25.

26.

27.

28.

SECCIÓN 48: EL CEREBRO DEL PERRO

VISTA DORSAL

1. BULBO OLFATORIO

2. FISURA LONGITUDINAL

3. HEMISFERIO CEREBRAL

4. SURCOS CEREBRALES

5. GIROS CEREBRALES

6. CEREBELO

7. VERMIS DEL CEREBELO

8. PROREAN

9. SURCO CRUZADO

10. SURCO CORONAL

11. SURCO CONDENSADO

12. SURCO ECTOSILVIO CAUDAL

13. SURCO SUPRASILVIO

14. SURCO ECTOMARGINAL

15. SURCO MARGINAL

SECCIÓN TRANSVERSAL

16. CORTEZA CEREBRAL (SUSTANCIA GRIS)

17. MÉDULA (SUSTANCIA BLANCA)

18. VENTRÍCULO LATERAL

19. PLEXO COROIDEO DEL VENTRÍCULO LATERAL

20. NÚCLEO CAUDADO

21. CUERPO CALLOSO

22. FORNIX

23. NÚCLEO ROSTRAL Y LATERANO

24. TERCER VENTRÍCULO

25. ADHESIÓN INTERTALÁMICA

26. NÚCLEO SUBTALÁMICO

27. CÁPSULA EXTERNA

28. QUIASMA ÓPTICO

SECCIÓN 49: EL OJO DEL PERRO

ROSTRAL VIEW

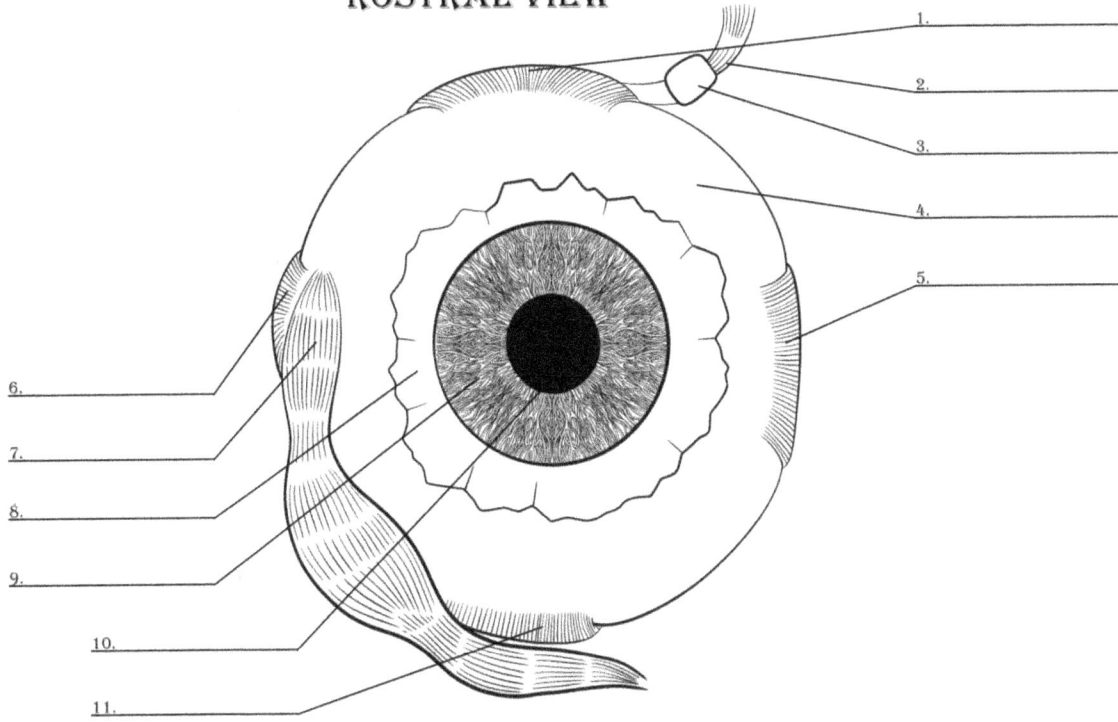

1.
2.
3.
4.
5.
6.
7.
8.
9.
10.
11.

NASAL VIEW

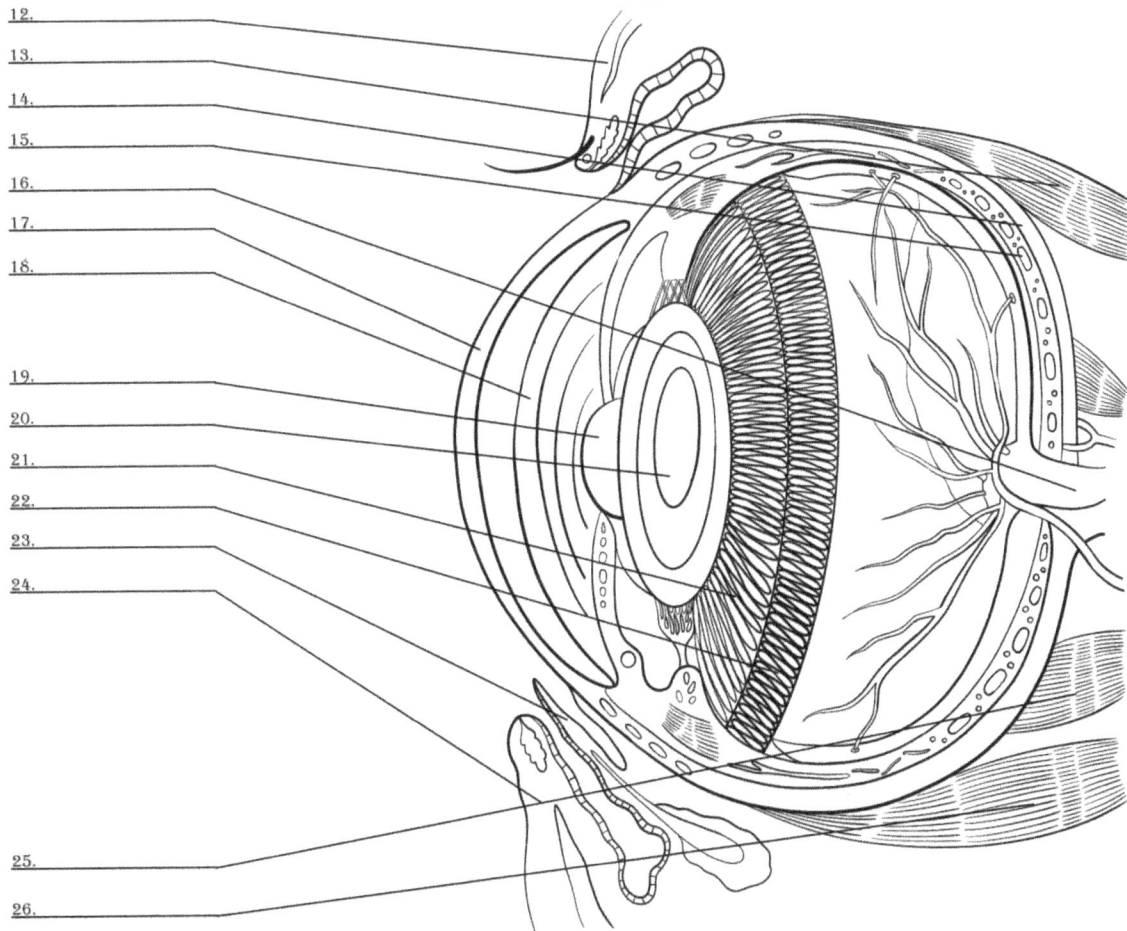

12.
13.
14.
15.
16.
17.
18.
19.
20.
21.
22.
23.
24.
25.
26.

SECCIÓN 49: EL OJO DEL PERRO

VISTA ROSTRAL

1. MÚSCULO RECTO DORSAL

2. MÚSCULO OBLICUO DORSALES

3. TRÓCLEA

4. SCLERA

5. MÚSCULO RECTO MEDIO

6. MÚSCULO RECTO LATERAL

7. MÚSCULO OBLIQUUS VENTRIS

8. TUNICA CONJUNTIVA DEL BULBO

9. IRIS

10. PUPILA

11. MÚSCULO RECTO VENTRIS

VISTA NASAL

12. PALPEBRAL SUPERIOR

13. MÚSCULO RECTO DORSAL

14. SCLERA

15. COROIDES

16. NERVIO ÓPTICO

17. CÓRNEA

18. IRIS

19. PUPILA

20. CRISTALINO

21. CUERPO CILIAR

22. ORBICULARIS CILIARIS

23. TERCER PÁRPADO

24. PALPEBRAL INFERIOR

25. MÚSCULO RETRACTOR DEL BULBO

26. MÚSCULO RECTO VENTRAL

SECCIÓN 50: LA NARIZ DEL PERRO

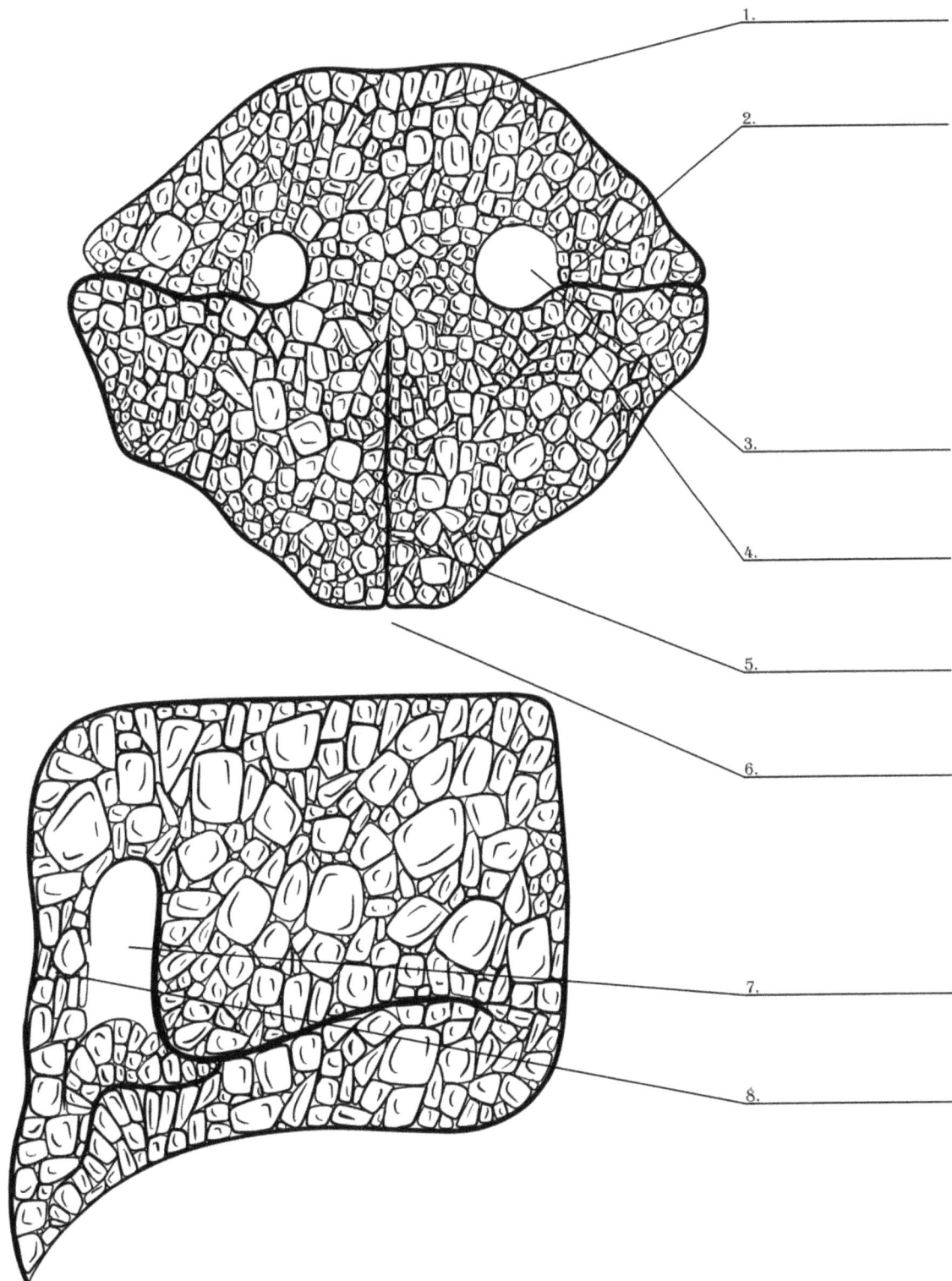

1. _____

2. _____

3. _____

4. _____

5. _____

6. _____

7. _____

8. _____

SECCIÓN 50: LA NARIZ DEL PERRO

1. ALMOHADILLA PARA LA NARIZ O RINARIUM

2. PLIEGUE ALAR

3. FOSA NASAL VERDADERA

4. FOSA NASAL FALSA

5. SURCO LABIAL

6. LABIO SUPERIOR

7. NARINAS EXTERNAS

8. SURCO NASOLABIAL

SECCIÓN 51: LA OREJA DEL PERRO

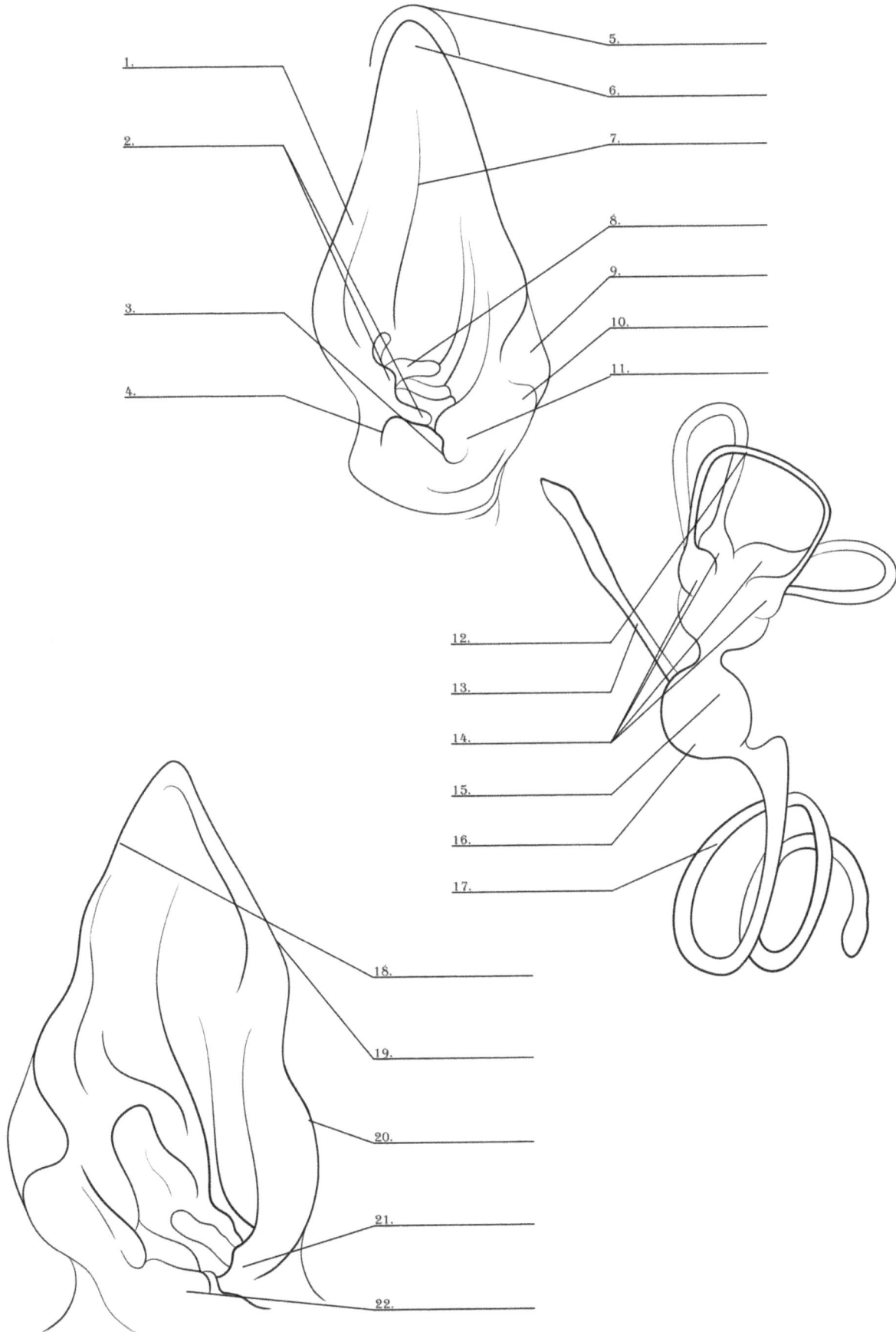

1.

2.

3.

4.

5.

6.

7.

8.

9.

10.

11.

12.

13.

14.

15.

16.

17.

18.

19.

20.

21.

22.

SECCIÓN 51: LA OREJA DEL PERRO

1. Espina helicis
2. Cura helicis
3. Muesca intertrágica
4. Muesca pretrágica
5. Hélice
6. Apéndice
7. Scapha
8. Antehélix
9. Bolsa cutánea
10. Cauda helicis
11. Antitragus
12. Conducto semicircular
13. Saco endolinfático
14. Ampolla membranosa
15. Utrículo
16. Sáculo
17. Conducto coclear
18. Borde lateral de hélice
19. Borde medio de hélice
20. Espina de hélice
21. Crus lateral de hélice
22. Tragus

SECCIÓN 52: EXTREMIDAD TORÁCICA CARA LATERAL

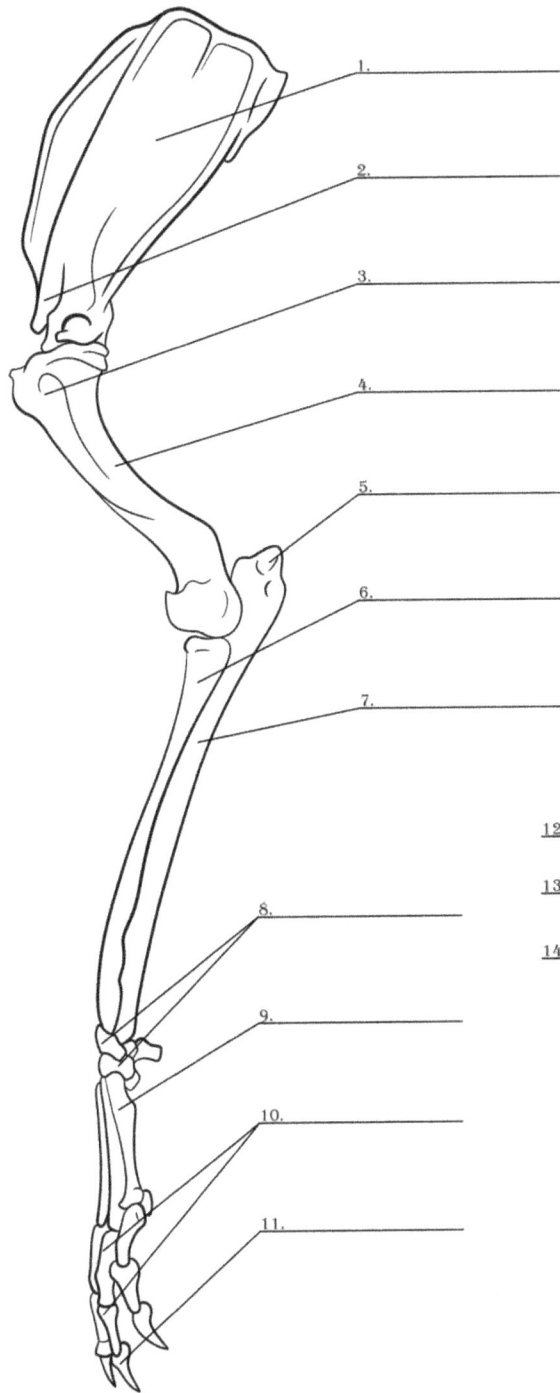

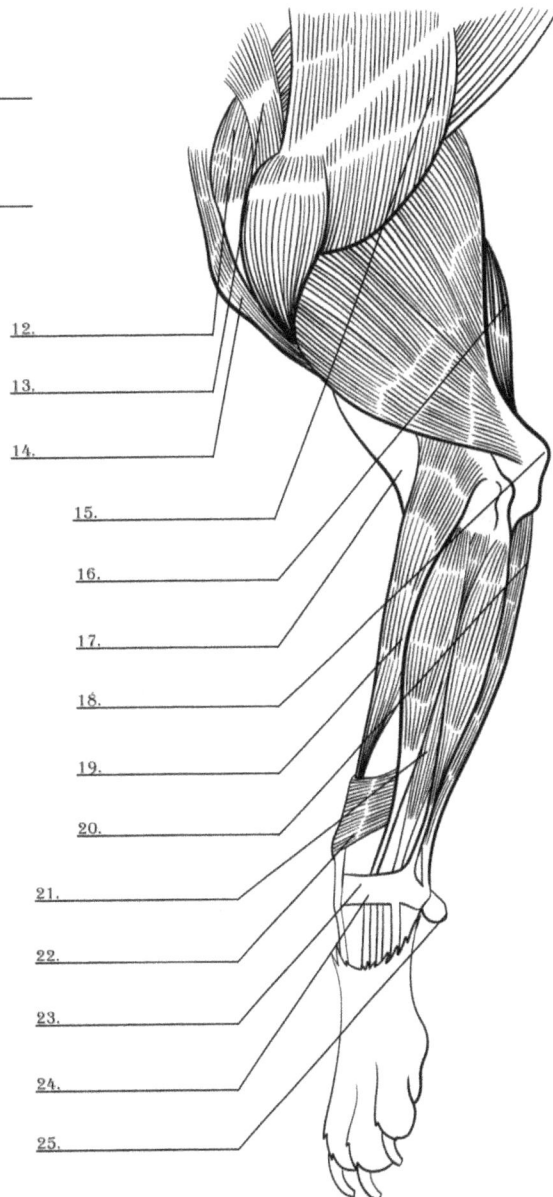

1.

2.

3.

4.

5.

6.

7.

8.

9.

10.

11.

12.

13.

14.

15.

16.

17.

18.

19.

20.

21.

22.

23.

24.

25.

SECCIÓN 52: EXTREMIDAD TORÁCICA CARA LATERAL

1. ESCÁPULA
2. ESPINA DEL OMÓPLATO
3. CÓNDILO MUSCULAR DEL HÚMERO
4. HÚMERO
5. PROCESO DEL CÚBITO
6. RADIO
7. CÚBITO
8. HUESOS DEL CARPO
9. HUESO METACARPIANO
10. HUESOS DE LAS FALANGES PROXIMALES Y MEDIAS
11. HUESO DE GARRA
12. MÚSCULO SUPRAESPINOSO
13. MÚSCULO OMOTRANSVERSARIO
14. MÚSCULO BRAQUIOCEFÁLICO
15. MÚSCULO TRAPECIO
16. MÚSCULO TRÍCEPS BRAQUIAL
17. MÚSCULO BRAQUIAL
18. OLÉCRANON
19. MÚSCULO BRAQUIORRADIAL
20. MÚSCULO EXTENSOR CUBITAL DEL CARPO
21. MÚSCULO EXTENSOR LATERAL DE LOS DEDOS
22. ABDUCTOR DIGITI 1ER MÚSCULO LARGO
23. MÚSCULO EXTENSOR CUBITAL DEL CARPO
24. LIGAMENTO TRANSVERSO DE FIJACIÓN DEL TENDÓN DEL CARPO
25. COJÍN CARPIANO

SECCIÓN 53: ASPECTO CRANEAL DE LA EXTREMIDAD TORÁCICA

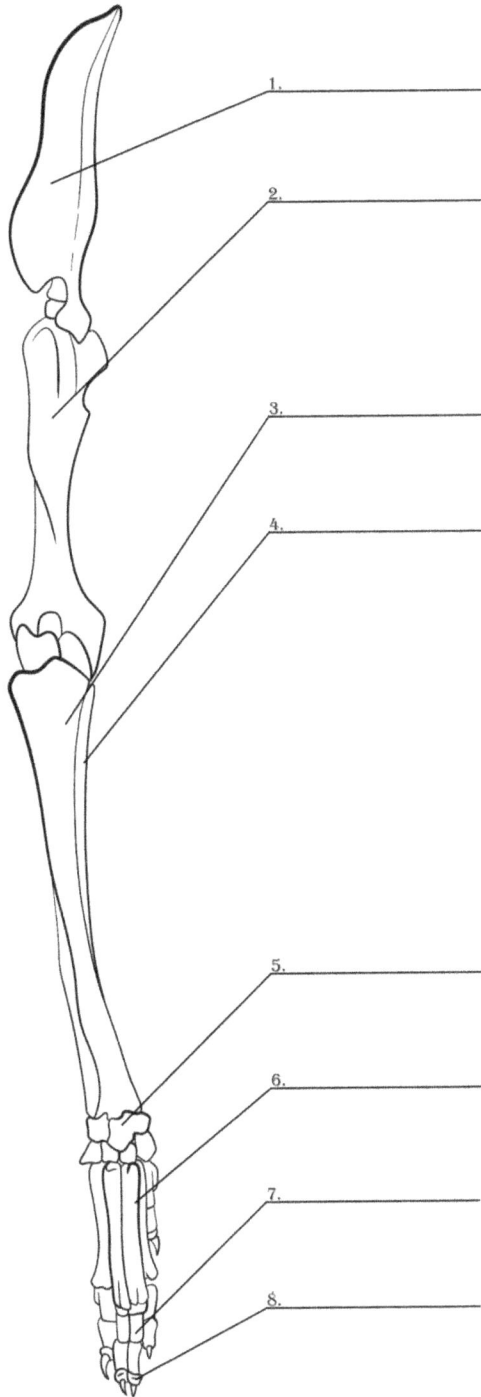

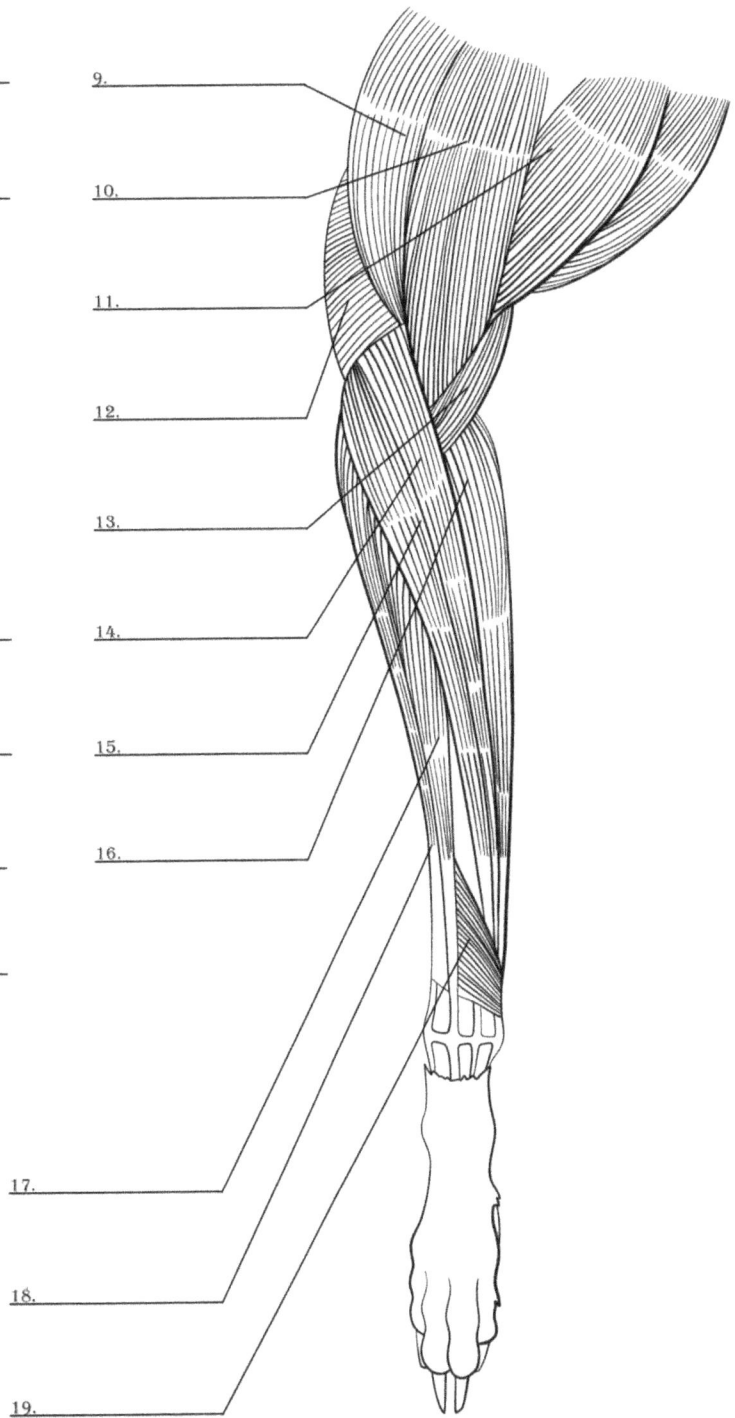

1. _____

2. _____

3. _____

4. _____

5. _____

6. _____

7. _____

8. _____

9. _____

10. _____

11. _____

12. _____

13. _____

14. _____

15. _____

16. _____

17. _____

18. _____

19. _____

SECCIÓN 53: ASPECTO CRANEAL DE LA EXTREMIDAD TORÁCICA

1. ESCÁPULA

2. HÚMERO

3. RADIO

4. CÚBITO

5. CARPO

6. METACARPO

7. FALANGE

8. GARRA

9. MÚSCULO DELTOIDEO

10. MÚSCULO BRAQUIOCEFÁLICO

11. MÚSCULO PECTORAL SUPERFICIAL

12. MÚSCULO TRÍCEPS BRAQUIAL

13. MÚSCULO BRAQUIAL

14. MÚSCULO BRAQUIORRADIAL

15. MÚSCULO EXTENSOR RADIAL DEL CARPO

16. PRONADOR REDONDO Y FLEXOR RADIAL DEL CARPO

17. MÚSCULO EXTENSOR DE LOS DEDOS DEL COMÚN

18. MÚSCULO EXTENSOR LATERAL DE LOS DEDOS

19. LIGAMENTO TRANSVERSO DE FIJACIÓN DEL TENDÓN DEL CARPO

SECCIÓN 54:EXTREMIDAD PÉLVICA CARA LATERAL

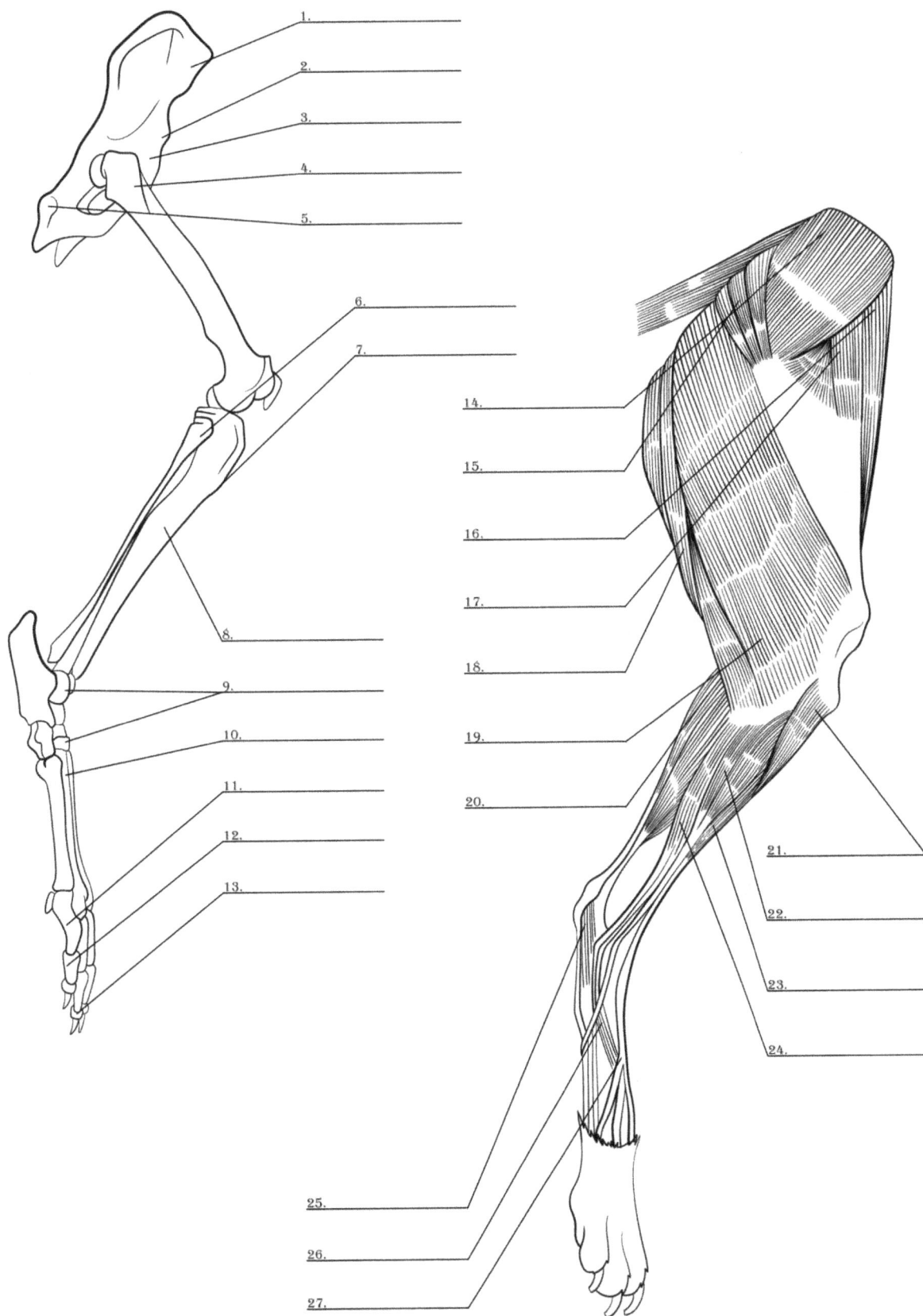

1.

2.

3.

4.

5.

6.

7.

14.

15.

16.

17.

18.

19.

20.

8.

9.

10.

11.

12.

13.

21.

22.

23.

24.

25.

26.

27.

SECCIÓN 54:EXTREMIDAD PÉLVICA CARA LATERAL

1. HUESO DE LA CADERA

2. HUESO PÚBICO

3. PELVIS

4. FÉMUR

5. ISQUION

6. PERONÉ

7. CRESTA TIBIAL

8. TIBIA

9. HUESO DEL TARSO

10. HUESO METATARSIANO

11. FALANGES MEDIAS

12. FALANGES PROXIMALES

13. HUESO DE GARRA

14. MÚSCULO GLÚTEO MEDIO

15. MÚSCULO GLÚTEO SUPERFICIAL

16. MÚSCULO SARTORIO

17. MÚSCULO TENSOR DE LA FASCIA LATA

18. MÚSCULO SEMITENDINOSO

19. MÚSCULO BÍCEPS FEMORAL

20. MÚSCULO TRÍCEPS SURAL

21. MÚSCULO TIBIAL CRANEAL

22. MÚSCULO PERONEO LARGO

23. MÚSCULO EXTENSOR LARGO DE LOS DEDOS

24. MÚSCULO FLEXOR LARGO DEL DEDO GORDO

25. MÚSCULO FLEXOR SUPERFICIAL DE LOS DEDOS

26. MÚSCULO EXTENSOR CORTO DE LOS DEDOS

27. MÚSCULO EXTENSOR LATERAL DE LOS DEDOS

SECCIÓN 55:EXTREMIDAD PÉLVICA CARA LATERAL

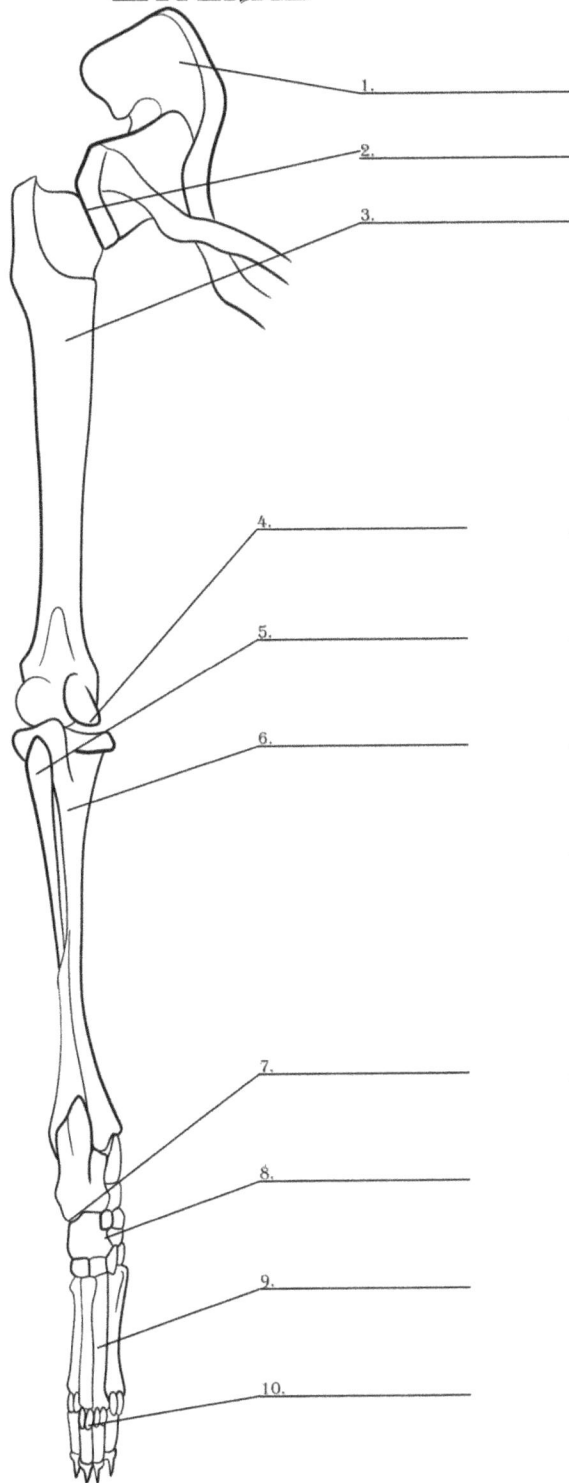

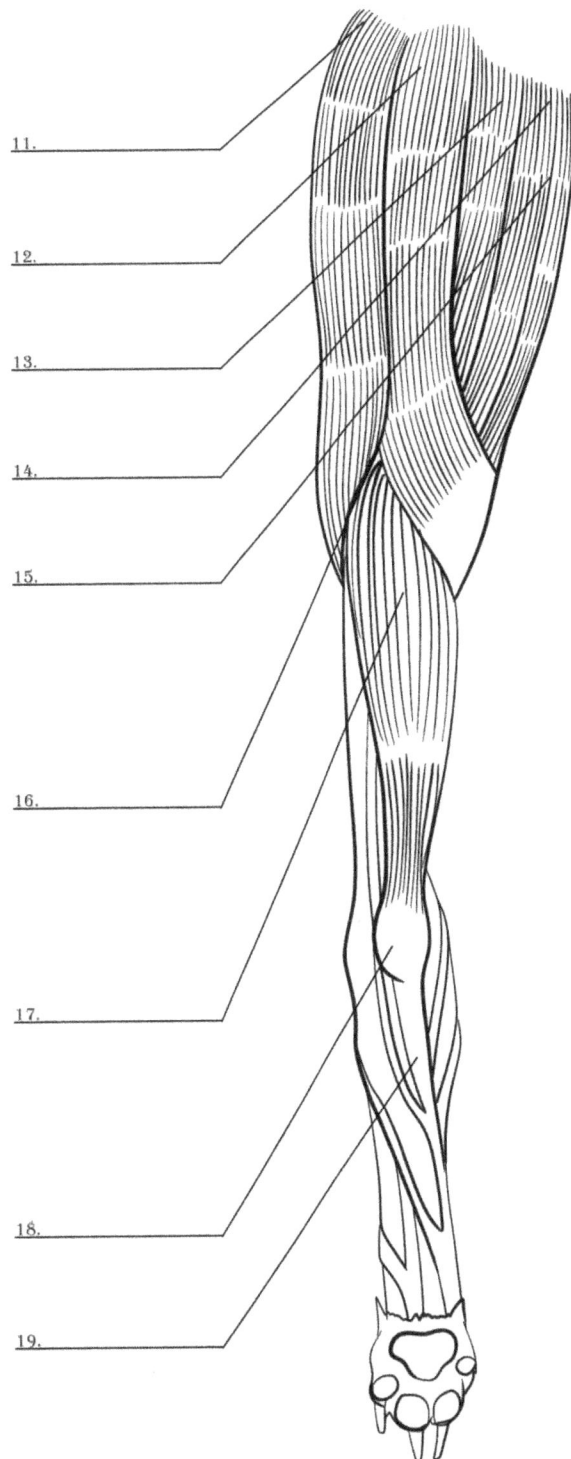

1.

2.

3.

4.

5.

6.

7.

8.

9.

10.

11.

12.

13.

14.

15.

16.

17.

18.

19.

SECCIÓN 55:EXTREMIDAD PÉLVICA CARA LATERAL

1. PELVIS

2. ARTICULACIÓN DE CADERA

3. FÉMUR

4. ARTICULACIÓN DE LA RODILLA

5. PERONÉ

6. TIBIA

7. ARTICULACIÓN TARSAL

8. TARSO

9. METATARSO

10. ARTICULACIONES FALANGEAS

11. MÚSCULO BÍCEPS FEMORAL

12. MÚSCULO SEMITENDINOSO

13. MÚSCULO SEMIMEMBRANOSO

14. MÚSCULO GRÁCIL

15. MÚSCULO SARTORIO

16. SURCO ISQUIÁTICO

17. MÚSCULO TRÍCEPS SURAL

18. TUBEROSIDAD DE CALQENEAU

19. TENUE DE LOS FLEXORES DIGITALES

SECCIÓN 56: LA PATA DEL PERRO 1

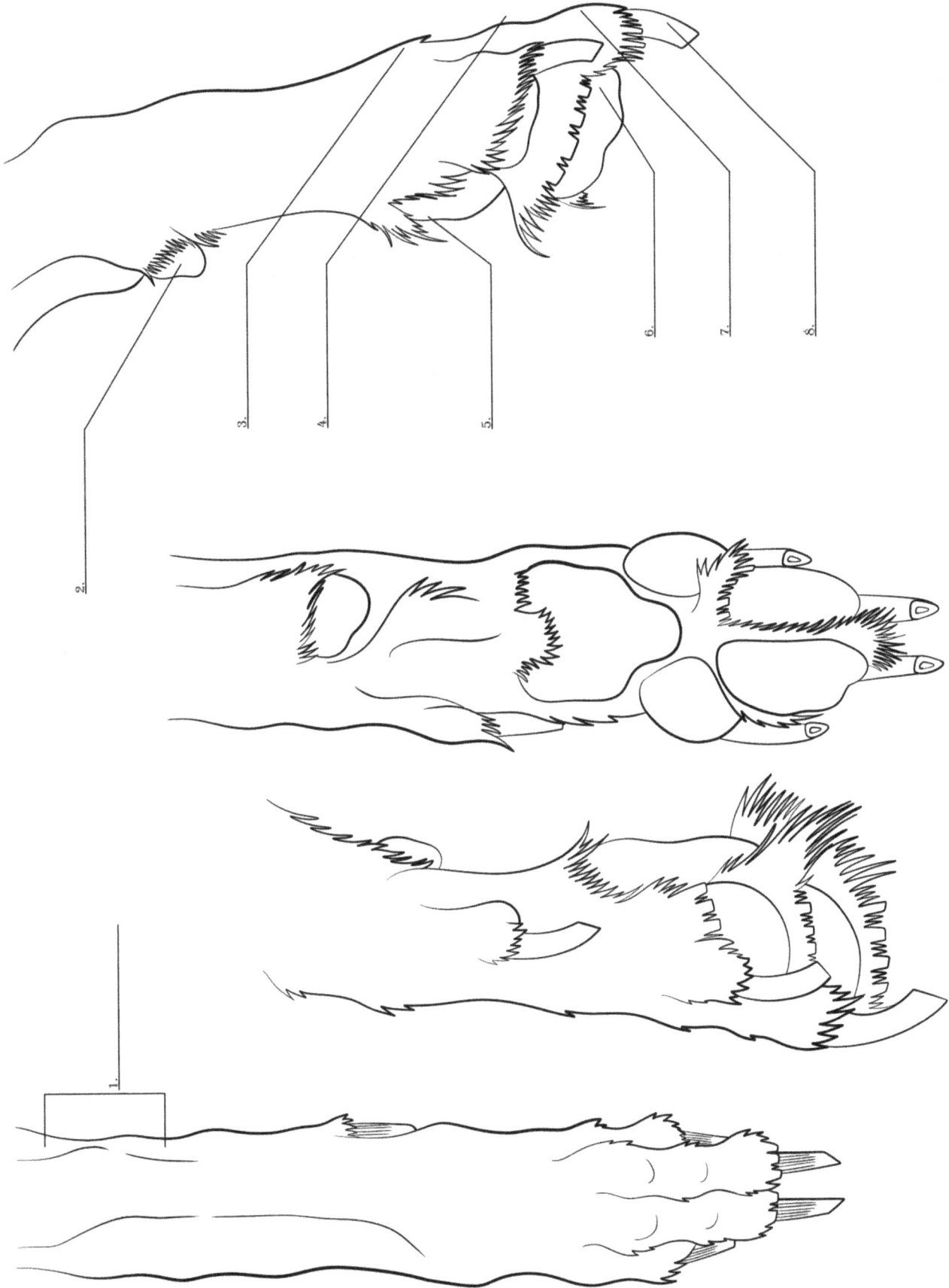

SECCIÓN 56: LA GARRA DEL PERRO 1

1. ARTICULACIÓN DEL CARPO

2. ALMOHADILLA CARPIANA

3. ARTICULACIÓN FALÁNGICA PROXIMAL

4. ARTICULACIÓN DE LA FALANGE DISTAL

5. ALMOHADILLA PALMAR

6. ALMOHADILLA FALANGEAL

7. ARTICULACIÓN DE GARRA PUNTA DEL HUESO DE LA GARRA

8. CUERNO DE GARRA

SECCIÓN 57: LA PATA DEL PERRO 2

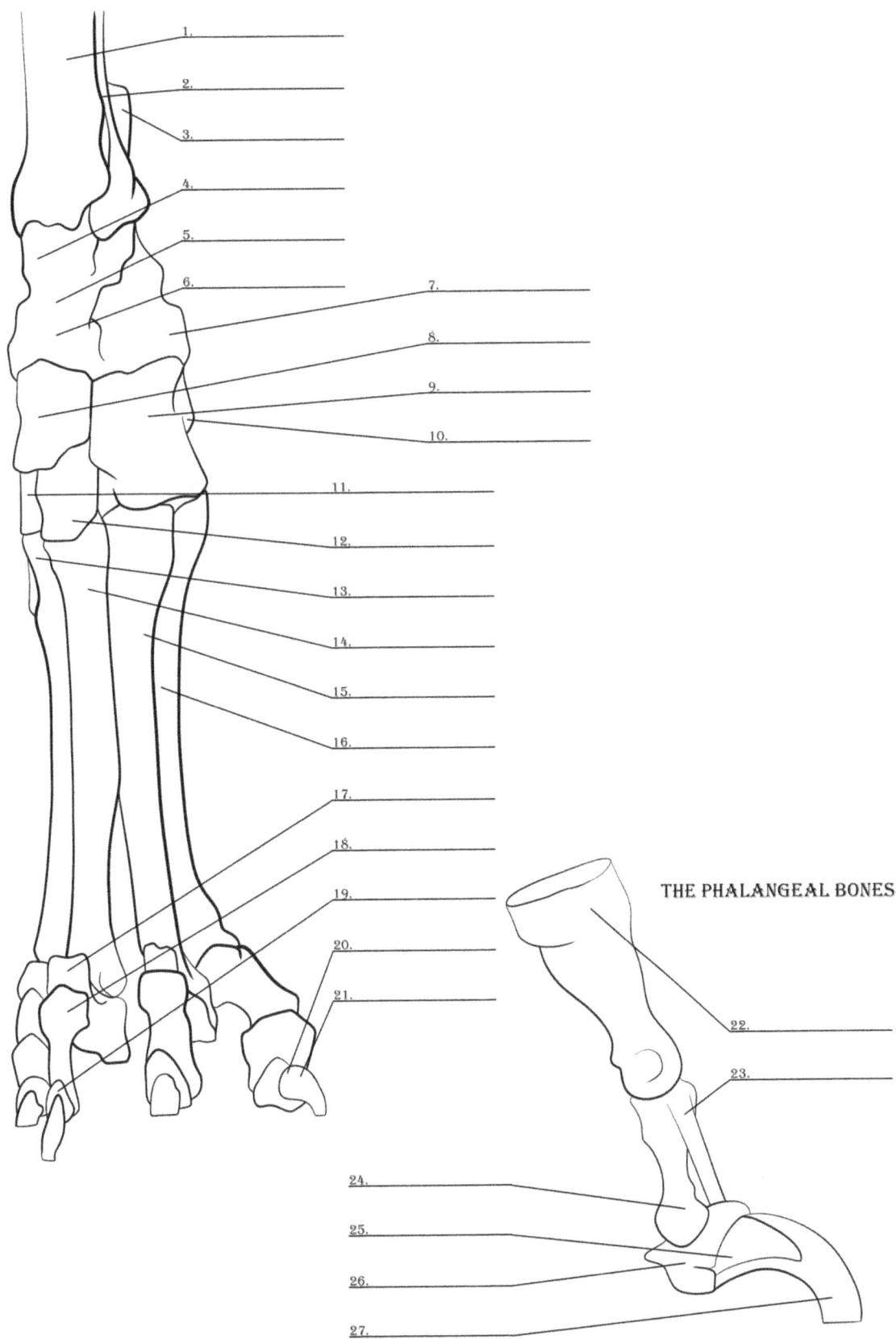

1.

2.

3.

4.

5.

6.

7.

8.

9.

10.

11.

12.

13.

14.

15.

16.

17.

18.

19.

20.

21.

THE PHALANGEAL BONES

22.

23.

24.

25.

26.

27.

SECCIÓN 57: LA PATA DEL PERRO 2

1. TIBIA

2. PERONÉ

3. TUBEROSIDAD CALCÁNEA

4. TALUS TROCHLEA

5. CUELLO

6. CABEZA

7. CALCÁNEO

8. TARSAL CENTRAL

9. TARSO 4

10. SURCO DEL MÚSCULO PERONEO LARGO

11. TARSO 2

12. TARSO 3

13. METATARSO 2

14. METATARSO 3

15. METATARSO 4

16. METATARSO 5

17. FALANGE PROXIMAL

18. FALANGE MEDIA

19. FALANGE DISTAL

20. CRESTA UNGUICULAR

21. PROCESO UNGUICULAR

22. FALANGE PROXIMAL

23. FALANGE MEDIA

24. LIGAMENTO DORSAL DE LA GARRA

25. SURCO DEL HUESO DE LA GARRA

26. ARTICULACIÓN DE GARRA PUNTA DEL HUESO DE LA GARRA

27. SECCIÓN 27: LA GARRA DEL PERRO

SECCIÓN 58: LA GARRA DEL PERRO

EPIDERMIS

1.

2.

3.

4.

5.

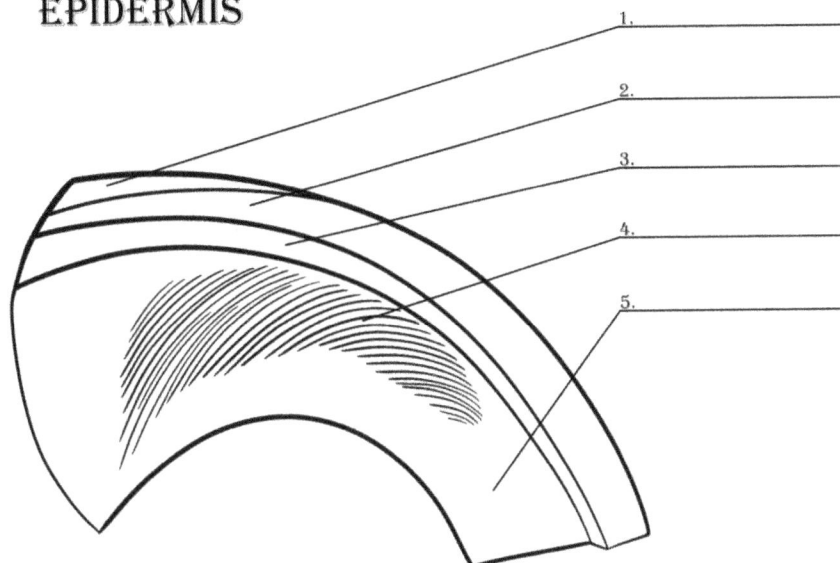

DERMIS (CORIUM)

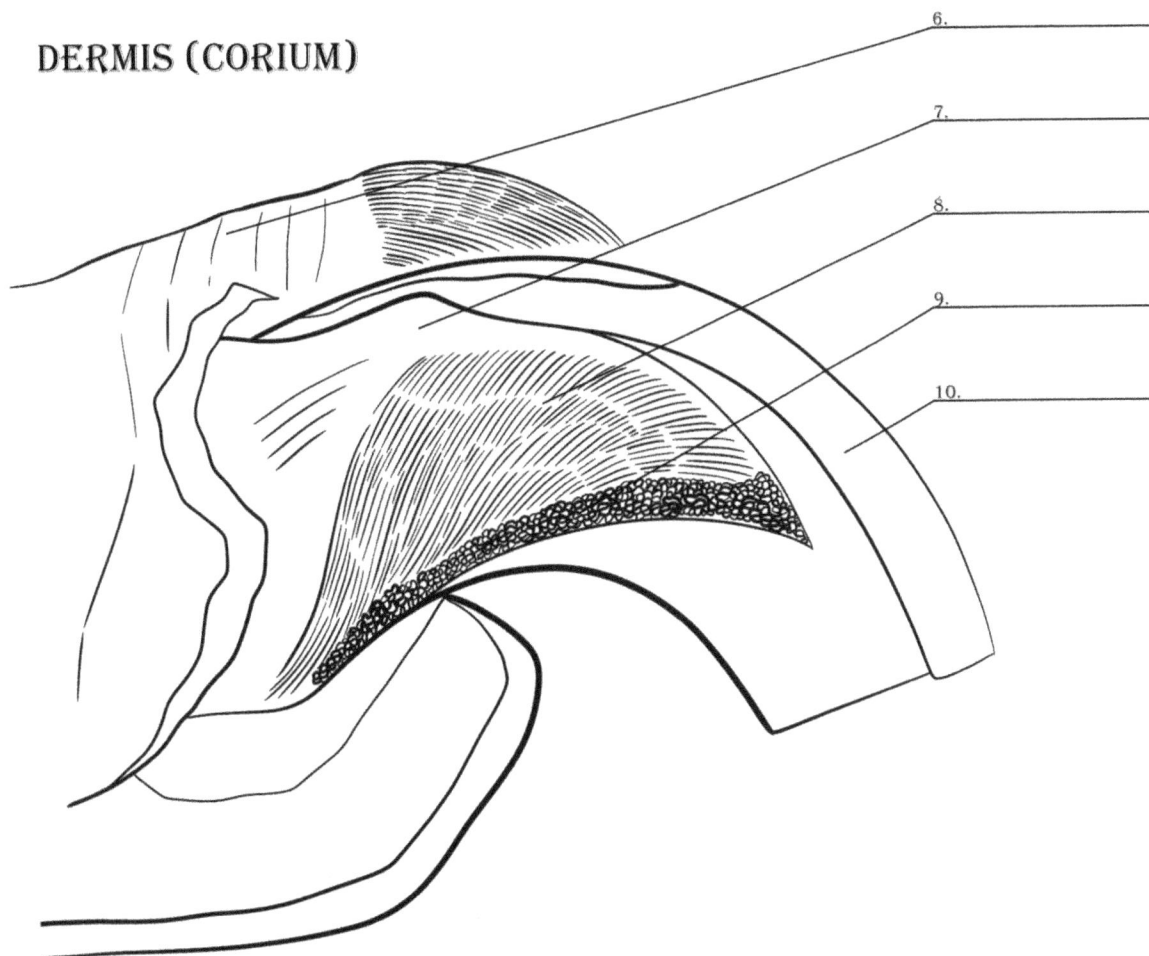

6.

7.

8.

9.

10.

SECCIÓN 58: LA GARRA DEL PERRO

EPIDERMIS

1. EPONIQUIO

2. MESONIQUIO

3. HIPONIQUIO DORSAL

4. LATERAL HYPONYCHIUM

5. HIPONIQUIO TERMINAL

DERMIS

6. VALLUM

7. DORSUM DERAMALE

8. LAMINILLAS DÉRMICAS

9. PAPILAS DÉRMICAS

10. MESONIQUIO

SECCIÓN 59: EL CORAZON DEL PERRO

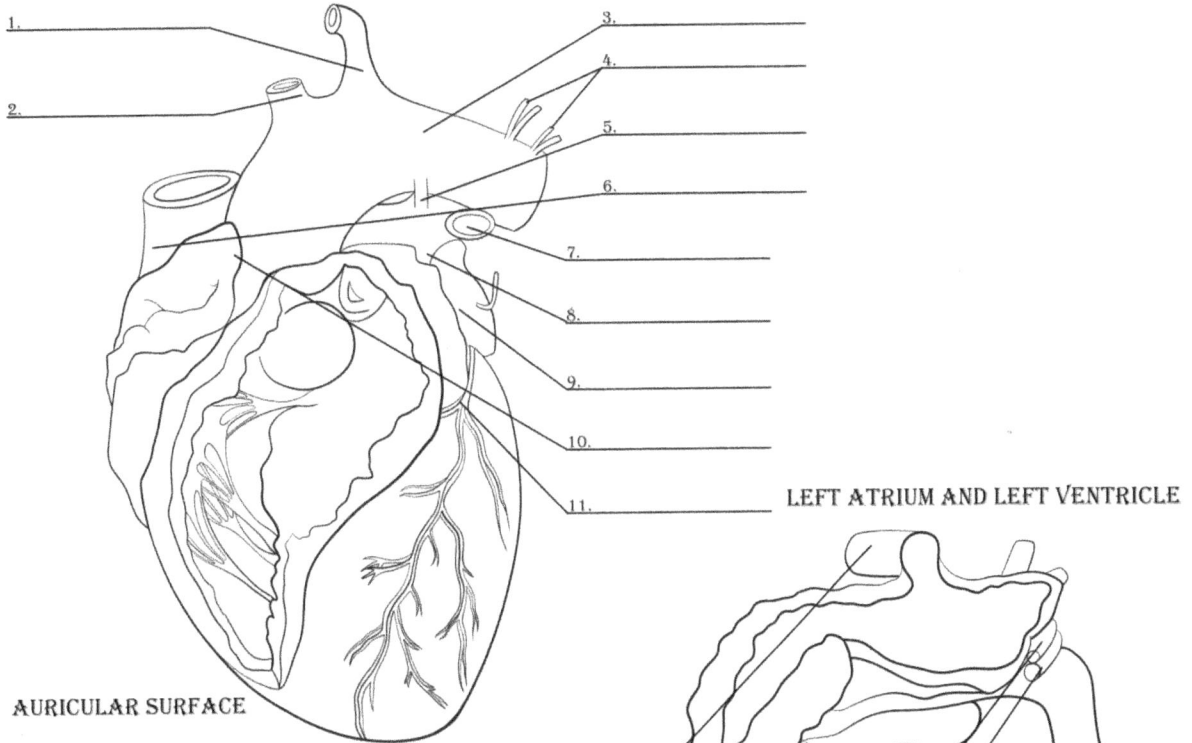

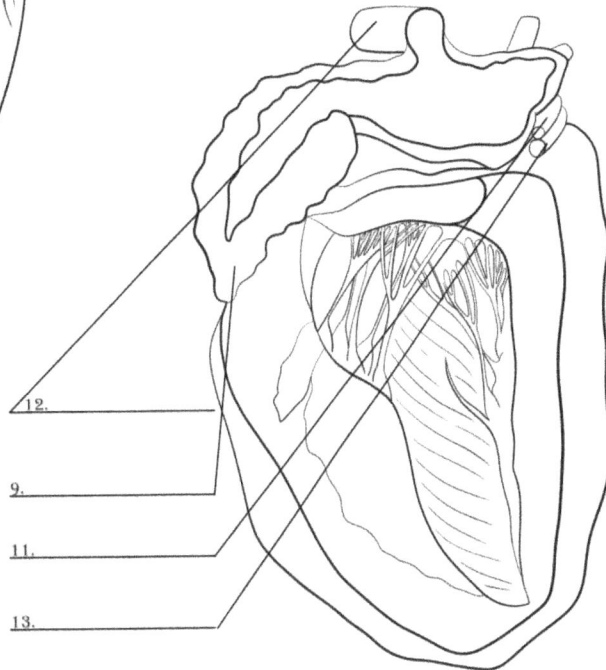

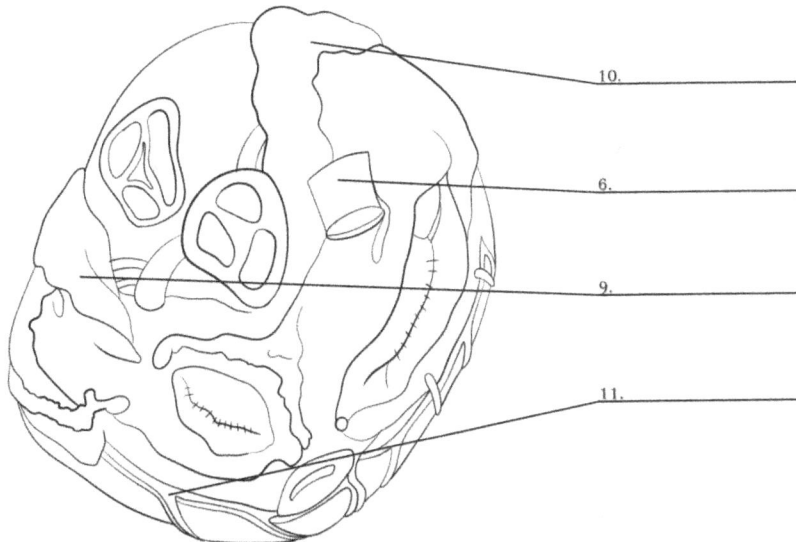

1.

2.

3.

4.

5.

6.

7.

8.

9.

10.

11.

AURICULAR SURFACE

LEFT ATRIUM AND LEFT VENTRICLE

12.

9.

11.

13.

BASE OF THE HEART

10.

6.

9.

11.

SECCIÓN 59: EL CORAZON DEL PERRO

1. AORTA SUBCLAVIA IZQUIERDA

2. TRONCO BRAQUIOCEFÁLICO

3. AORTA

4. ARTERIAS INTERCOSTALES

5. LIGAMENTO ARTERIOSO

6. VENA CAVA CRANEAL

7. ARTERIA PULMONAR IZQUIERDA

8. TRONCO PULMONAR

9. AURÍCULA IZQUIERDA

10. AURÍCULA DERECHA

11. VENA CARDÍACA MAGNA

12. VENA PULMONAR

13. RAMA CIRCUNFLEJA

SECCIÓN 60: LOS PULMONES DEL PERRO

VENTRAL VIEW

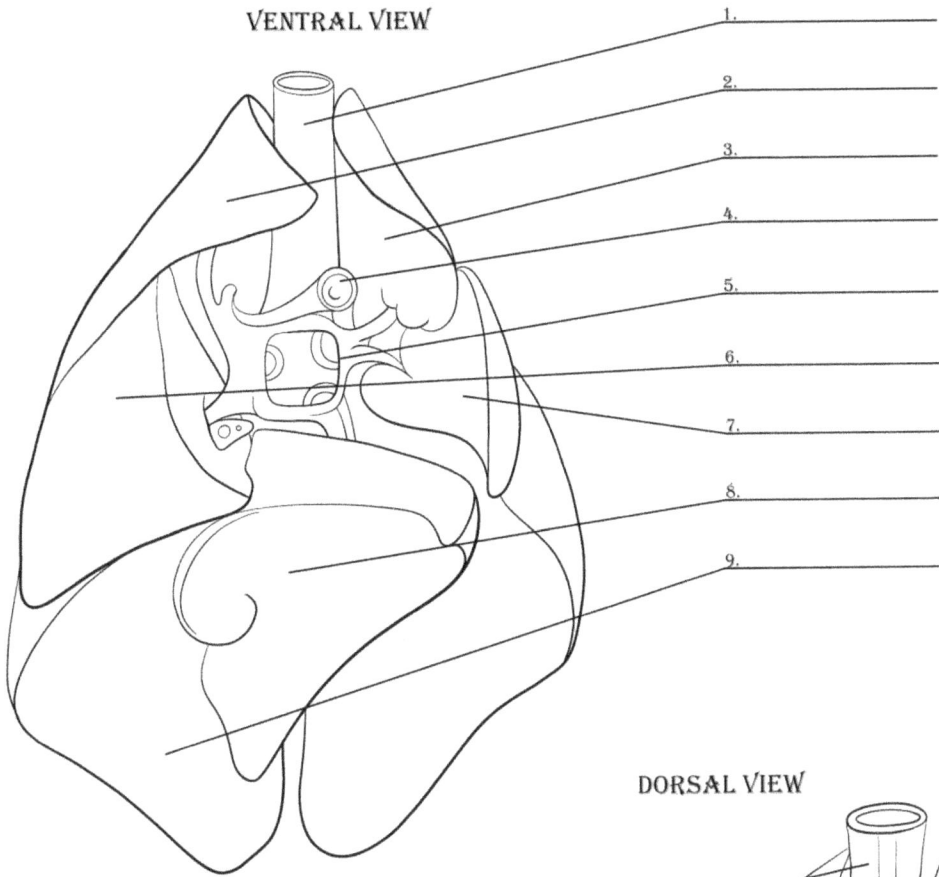

1. _____
2. _____
3. _____
4. _____
5. _____
6. _____
7. _____
8. _____
9. _____

DORSAL VIEW

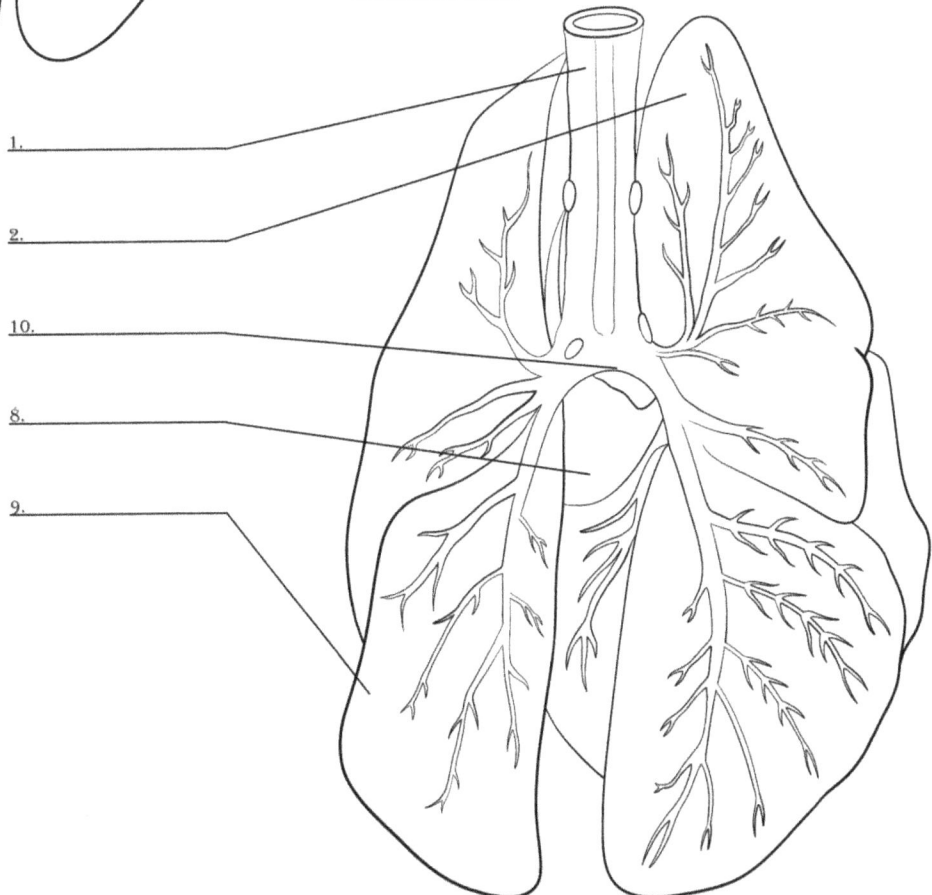

1. _____
2. _____
10. _____
8. _____
9. _____

SECCIÓN 60: LOS PULMONES DEL PERRO

1. TRÁQUEA

2. LÓBULO CRANEAL

3. PARTE CRANEAL

4. TRONCO PULMONAR

5. VENA PULMONAR

6. LÓBULO MEDIO

7. PARTE CAUDAL

8. LÓBULO ACCESORIO

9. LÓBULO CAUDAL

10. BIFURCACIÓN DE TRÁQUEA

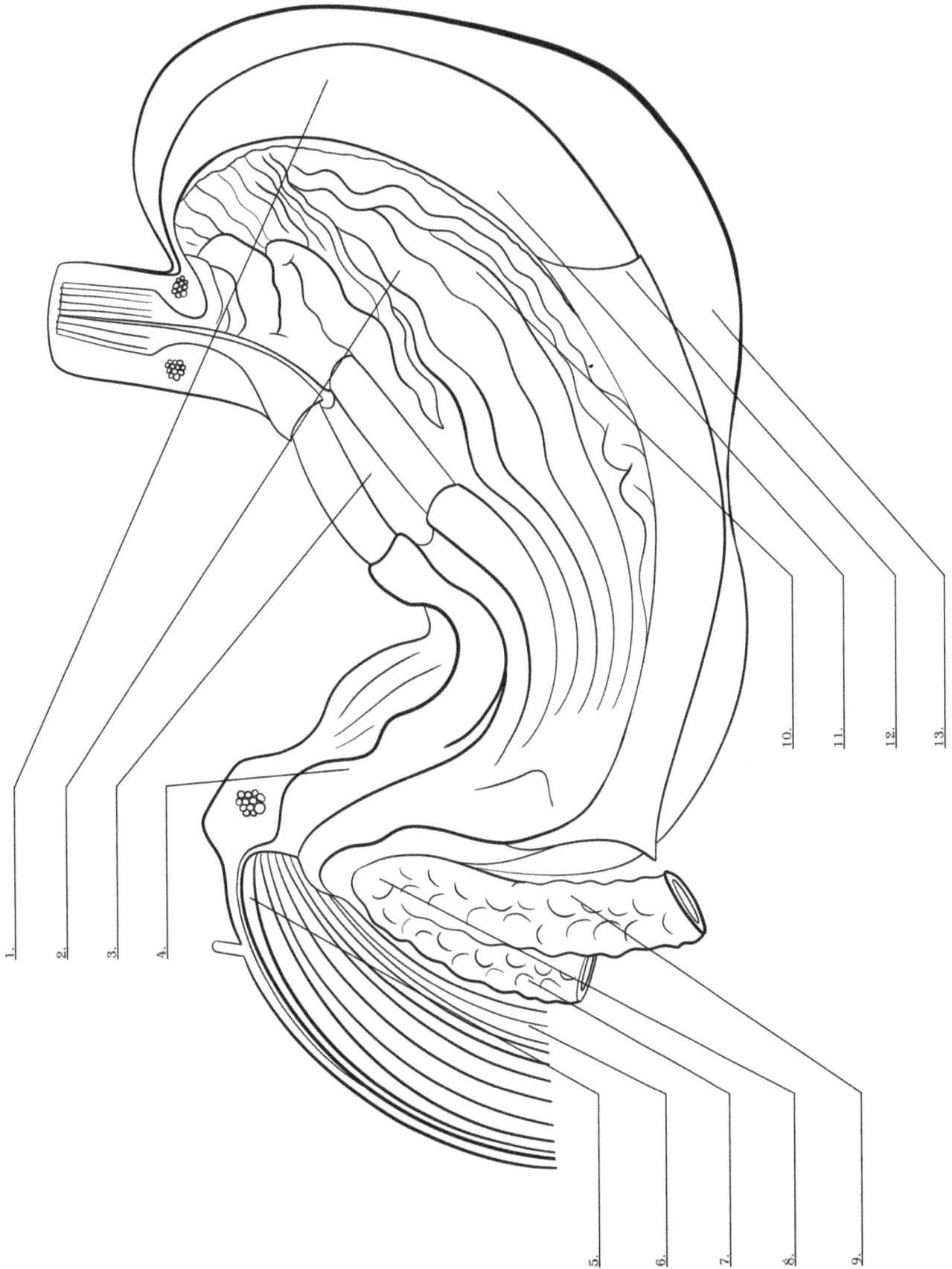

SECCIÓN 61: EL ESTÓMAGO DEL PERRO

1.
2.
3.
4.
5.
6.
7.
8.
9.
10.
11.
12.
13.

SECCIÓN 61: EL ESTÓMAGO DEL PERRO

1. EXTRACTOR DE FIBRAS OBLICUAS

2. MEMBRANA MUCOSA Y PLIEGUES GÁSTRICOS

3. SURCO GÁSTRICO

4. CONFLUENTE PÍLORO

5. PARTE CRANEAL DEL DUODENO

6. PARTE DESCENDENTE DEL DUODENO

7. LÓBULO DERECHO DEL PÁNCREAS

8. CUERPO DE PÁNCREAS

9. LÓBULO IZQUIERDO DEL PÁNCREAS

10. CUERPO DE ESTÓMAGO

11. CAPA LONGITUDINAL

12. CAPA CIRCULAR

13. CAPA SEROSA SECCIÓN 31: EL HÍGADO DEL PERRO

SECCIÓN 62: EL HÍGADO DEL PERRO

VENTRAL

1.
2.
3.
4.
5.
6.
7.
8.
9.
10.
11.
12.
13.
14.

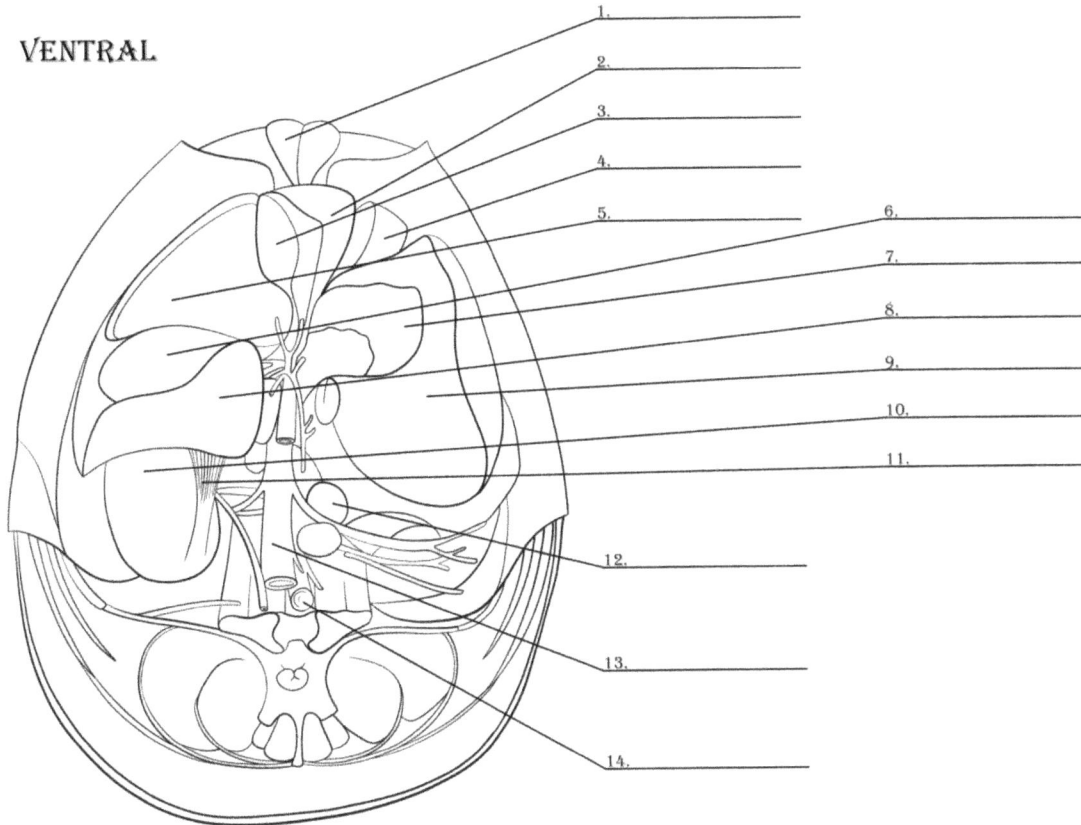

VISCLERAL SURFACE

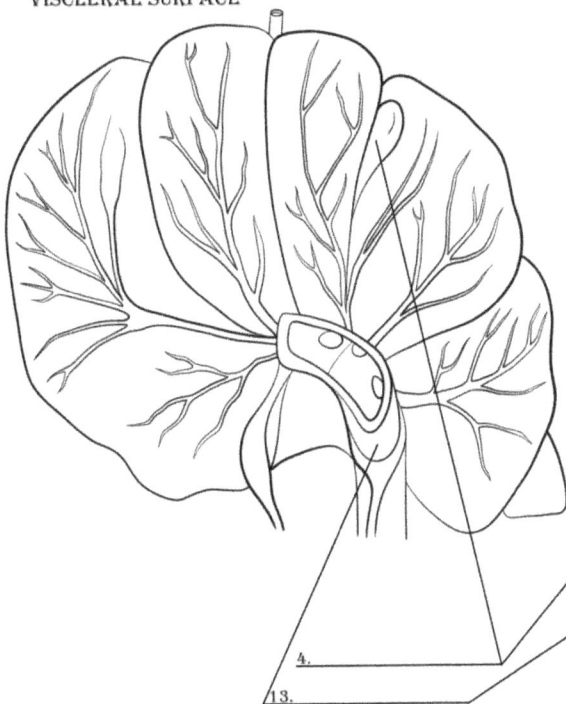

DIAPHRAGMIC SURFACE

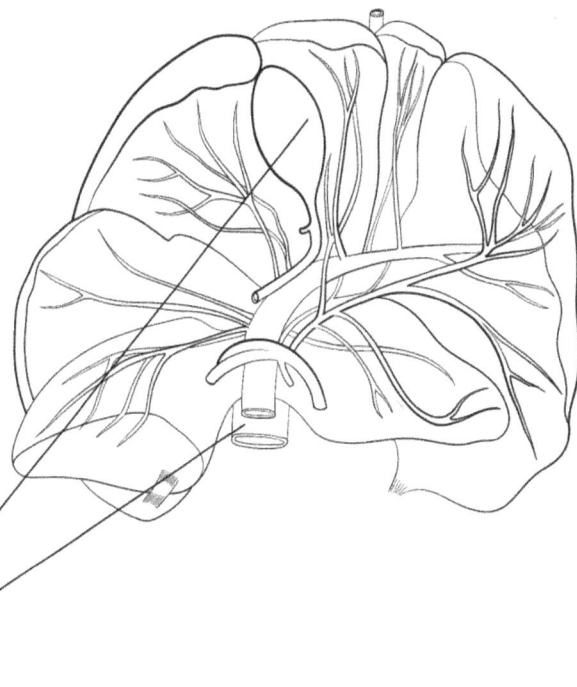

4.
13.

SECCIÓN 62: EL HÍGADO DEL PERRO

1. LIGAMENTO FALCIFORME Y LIGADURA REDONDA DE HÍGADO
2. LÓBULO CUADRADO
3. VESÍCULA BILIAR
4. LÓBULO MEDIAL IZQUIERDO
5. LÓBULO MEDIAL DERECHO
6. LÓBULO LATERAL DERECHO
7. PROCESO PAPILAR DEL LÓBULO CAUDADO
8. PROCESO CAUDADO DEL LÓBULO CAUDADO
9. LÓBULO LATERAL IZQUIERDO
10. RIÑÓN DERECHO
11. LIGAMENTO HEPATORRENAL
12. GLÁNDULA SUPRARRENAL
13. VENA CAVA CAUDAL
14. AORTA

SECCIÓN 63: LA MÉDULA ESPINAL DEL PERRO

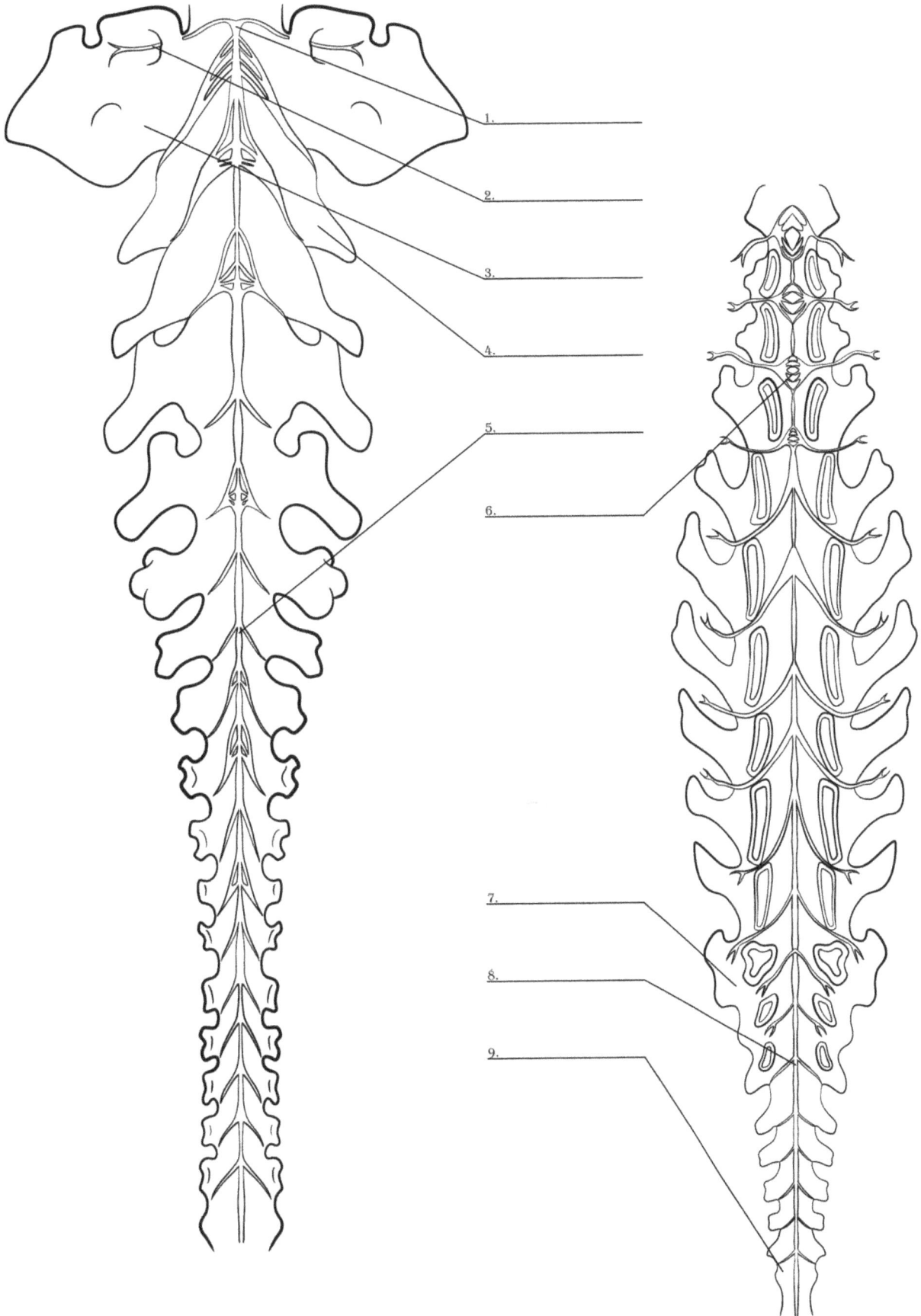

1. _____

2. _____

3. _____

4. _____

5. _____

6. _____

7. _____

8. _____

9. _____

SECCIÓN 63: LA MÉDULA ESPINAL DEL PERRO

1. VÉRTEBRAS CERVICALES (7)
2. NERVIO
3. ATLAS
4. EJE
5. VÉRTEBRAS TORÁCICAS (13)
6. VÉRTEBRAS LUMBARES (7)
7. SACRO (3)
8. COCCÍGEO (20-23)
9. FILUM TERMINAL

www.ingramcontent.com/pod-product-compliance
Lightning Source LLC
Chambersburg PA
CBHW051347200326
41521CB00014B/2509